EUL VERLAG

Reihe: Marketing · Band 61

Herausgegeben von Prof. Dr. Heribert Gierl, Augsburg, Prof. Dr. Roland Helm, Regensburg, Prof. Dr. Frank Huber, Mainz, und Prof. Dr. Henrik Sattler, Hamburg

Stefan Vollmann
Tim Lindemann
Prof. Dr. Frank Huber

Open Innovation

Eine empirische Analyse zur Identifikation innovationsbereiter Kunden

EUL VERLAG

Bibliografische Information der Deutschen Nationalbibliothek

Die Deutsche Nationalbibliothek verzeichnet diese Publikation in der Deutschen Nationalbibliografie; detaillierte bibliografische Daten sind im Internet über <http://dnb.d-nb.de> abrufbar.

ISBN 978-3-8441-0153-9
1. Auflage Juni 2012

JOSEF EUL VERLAG GmbH
Brandsberg 6
53797 Lohmar
Tel.: 0 22 05 / 90 10 6-6
Fax: 0 22 05 / 90 10 6-88
E-Mail: info@eul-verlag.de
http://www.eul-verlag.de

Bei der Herstellung unserer Bücher möchten wir die Umwelt schonen. Dieses Buch ist daher auf säurefreiem, 100% chlorfrei gebleichtem, alterungsbeständigem Papier nach DIN 6738 gedruckt.

Vorwort

Die Zeiten für innovative Unternehmen sind schwieriger geworden. Kürzere Produktlebenszyklen, eine steigende Heterogenität der Kundenwünsche und eine gestiegene Spezifität bei den Kundenbedürfnissen führen in der Praxis zu hohen Flopraten bei neuen Produkten. Unternehmen sind daher heute mehr denn je gezwungen, neue Wege in der Innovationspolitik zu beschreiten, um auch in Zeiten steigender Konkurrenz und zunehmender Marktsättigung trotzdem erfolgreich Neuprodukte am Markt zu platzieren. Um dieses Ziel zu erreichen, wird seit Jahren eine freiwillige und kooperative Zusammenarbeit von Kunden und Unternehmen im Innovationsprozess propagiert und in der bis dato eher spärlichen Literatur unter dem Begriff Open Innovation diskutiert. Diese Schrift widmet sich dieser neuen Wertschöpfungsform im Innovationsmanagement und untersucht kundenseitige Aspekte der Kooperation mit dem Unternehmen. Zur Identifikation kooperationsrelevanter Determinanten dienen theoretisch hergeleitete Größen, deren Einfluss auf die Kooperationswilligkeit eine empirische Überprüfung erfährt. Die empirisch gewonnenen Erkenntnisse dieser Studie zeigen zum einen, dass soziale Aspekte und die Bewunderung anderer einen Kunden zur Teilnahme an einem Open Innovation-Prozess bewegen können. Zum anderen besitzt Geld im Open Innovation-Bereich wenig bis gar keine Motivationsfunktion. Zudem konnte darüber hinaus festgestellt werden, dass eine Unzufriedenheit bei Kunden ursächlich für das Auftreten innovativer Bedürfnisse im Sinne der Lead-User-Theorie ist.

Mainz, im Februar 2012

Stefan Vollmann
Tim Lindemann
Frank Huber

Inhaltsverzeichnis

Abbildungsverzeichnis

Tabellenverzeichnis

Abkürzungsverzeichnis

AMOS	Analysis of Moment Structures
DEV	Durchschnittlich erfasste Varianz
DJI	Deutsches Jugend Institut
FASD	Fun and Software Development
FR	Faktorreliabilität
LISREL	Linear Structural Relationships
LVPLS	Latent Variable Partial Least Squares
OLS	Ordinary Least Squares
PLS	Partial Least Squares
SPSS	Statistical Package for the Social Sciences
VIF	Variance Inflation Factor
VO-Wissen	Verwendungs- und Objektwissen

1 Zur Relevanz von Innovationen und Bedeutung von Determinanten bei der Identifikation fortschrittlicher Kunden

Innovationen sind nach allgemeinem Managementverständnis der Motor, der Unternehmen voranbringt. Ohne steten Zufluss an Innovationen, riskieren Unternehmen ihre Wettbewerbsfähigkeit zu verlieren (*Dittrich/Duysters* 2007, S. 511; *Pangsy-Kania* 2008, S. 392). Aus dieser Perspektive betrachtet, sind Innovationen wesentliche Treiber der gesamten wirtschaftlichen Entwicklung, was *Schumpeter* (1912) bereits Anfang des letzten Jahrhunderts feststellte. Obwohl es an Ideen und Erfindungen in der Regel nicht mangelt, fällt es vielen Unternehmen allerdings oft schwer, neue Produkte und Dienstleistungen erfolgreich am Markt zu platzieren.

Ursächlich für dieses Manko sind zum einen begrenzte Innovationsressourcen. Diese reichen nicht aus, um auf Dauer erfolgversprechende Neuerungen in die "Innovations-Pipeline“ zu bekommen (*Granovetter* 1973, S. 1360). Zudem werden immer wieder Innovationen auf den Markt gebracht, die den Kundenbedarf nur unzureichend ansprechen und daher häufig „ins Leere“ laufen. Vor dem Hintergrund dieser Rahmenbedingungen gehen Vorreiter-Unternehmen seit einiger Zeit dazu über, Kunden in ihre Innovationsvorhaben und -prozesse einzubinden (*Gassmann* 2006, S. 1; *Schein* 2004). Sie erweitern mit diesem Vorgehen den Bestand an kreativen Köpfen und mildern dadurch das Problem der begrenzten Innovationsressourcen. Gleichzeitig erhöhen sie die Wahrscheinlichkeit, in die richtigen Neuerungen zu investieren, weil die Innovationen somit aus den Reihen potenzieller Abnehmer selbst stammen. Im Endergebnis verbessert dieses Vorgehen die Effizienz im Innovationsmanagement: “[...] that assumes that firms can and should use external ideas as well as internal ideas, and internal and external paths to market, as the firms look to advance their technology. Open Innovation combines internal and external ideas [...]” (*Chesbrough* 2003a, S. 38). Potenzielle Kunden fungieren bei diesem Prozess also als Wertschöpfungspartner von Unternehmen, indem sie Produkte oder Dienstleistungen mitgestalten und teilweise sogar deren Entwicklung und Herstellung bestimmen oder übernehmen. Diese Form der freiwilligen Kooperation zwischen Kunden und Unternehmen stellt die dritte Evolutionsstufe der arbeitsteiligen Organisation von Wertschöpfungsprozessen dar (*Reichwald/Piller* 2006, S. 40).

In der Praxis wird dieser Trend seit einigen Jahren unter den Begriffen "Interaktive Wertschöpfung“ und "Open Innovation“ diskutiert (*Chesbrough* 2003b; *Reichwald/Piller* 2006, S. 96). Nach den Prozessstufen "den Kunden beobachten“ und "den Kunden befragen“ besteht im Innovationsmanagement die logische Weiterentwicklung also darin, den Kunden unter Nutzung neuer Informations- und Kommunikationstechnologien "selbst machen zu lassen“ und ihm damit wesentlich mehr Freiheitsgrade zu gewähren. Am Ende eines solchen – vom Unternehmen angestoßenen und geförderten – stark kooperativen Prozesses steht optimaler Weise ein Nutzengewinn für beide Seiten: Es entstehen Produkte, die exakt auf die Kundenbedürfnisse zugeschnitten sind. Über die enge Kooperation mit Kunden werden die Unternehmen ihrerseits in die Lage versetzt, das Risiko von Fehlentwicklungen zu reduzieren, das bei Innovationen prinzipiell immanent ist (*Piller/Ogawa* 2006, S. 67). Dabei sind nicht alle Kunden in gleichem Maße geeignet und befähigt, um an einem kooperativen Innovationsprozess teilzunehmen und einen solchen Prozess aktiv voranzutreiben. Im Zentrum des wissenschaftlichen Interesses steht daher eine Gruppe besonders fortschrittlicher Kunden – die Lead-User (*von Hippel* 1986, S.15 ff.). Um Lead-User oder andere fortschrittliche Kunden für kooperative Innovationsvorhaben gewinnen zu können, gilt es für interessierte Unternehmen u. a. folgendes herauszufinden: Welche Eigenschaften und Fähigkeiten besitzen diese aus Unternehmenssicht besonders interessanten Kunden (Innovationsfähigkeit)? Welche Faktoren sind ausschlaggebend, damit sich fortschrittliche Kunden an Innovationsvorhaben einer Unternehmung beteiligen (Innovationsbereitschaft, Nutzenerwartung, Motivation)?

Im Rahmen dieser Schrift sollen Antworten auf die Fragen geliefert werden, ob und wenn ja, wie Eigenschaften und Motivationen von fortschrittlichen Kunden kausal verknüpft sind und wie aus deren Zusammenwirken die Entscheidung zur Beteiligung an Innovationsvorhaben zustande kommt. Interessenten für kooperative Innovationsvorhaben erhalten durch diese Antworten wichtige Hinweise für den Umgang mit potenziellen Teilnehmern und für eigene Aktivitäten zum Aufbau und zur Etablierung von Beziehungen zu dieser interessanten Zielgruppe. Es soll untersucht werden, welche veränderten Herausforderungen sich hieraus sowohl für Kunden als auch für Unternehmen ergeben. Sind nach dieser Betrachtung die relevanten Elemente von Innovationsfähigkeit und Innovationsbereitschaft bei Kunden bekannt, können diese in einem nächsten Schritt auf kausale Beziehungen untersucht und durch etablierte Theorien begründet werden. In den folgenden Kapiteln werden daher die konzeptionellen Grundlagen der Open Innovation erläutert. Ferner werden ausgewählte Theorien aus der

Sozial- und Motivationspsychologie dargestellt, die im Rahmen des Open Innovation-Kontextes das Phänomen der Teilnahme an einer Neuproduktentwicklung zu erklären vermögen. Aufbauend auf dieser theoretischen Grundlage wird im Anschluss ein Kausalmodell entwickelt, welches verschiedene Elemente aus bereits existierenden Modellen der Innovationsforschung verbindet. Das Modell besteht aus den drei Ebenen der Innovationsfähigkeit, der Innovationsbereitschaft und der Teilnahmebereitschaft von Kunden an einem Open Innovation-Projekt. Zudem erfolgt eine Analyse unterschiedlicher Motive, die das Individuum zur Teilnahme an Innovationsvorhaben bewegen. Diese extrinsischen und intrinsischen Motive sorgen wiederum in Summe für die Bildung einer willentlichen Handlungsintention in Form einer geplanten Teilnahmebereitschaft. Ob diese Zusammenhänge jedoch auch in der Realität Bestand haben, wird mit einer empirischen Studie überprüft. Die Studie wurde im Untersuchungsfeld des Case-Modding (*Compton* 2004, S. 78) durchgeführt. Beim Case-Modding verändern Nutzer bestimmte Komponenten an einem Computer so, dass er nach dem Eingriff ihren individuellen Bedürfnissen entspricht. Seit Mitte der neunziger Jahre hat sich dieses innovative Gebiet vom Nischen-Phänomen zum Individualisierungstrend entwickelt. Obwohl durch die gestiegene Bedeutung des Case-Modding neue Produkte und sogar ein komplett neuer Geschäftszweig mit bis dato unbekannten Unternehmen entstanden sind, konnte bisher keine Untersuchung auf diesem Themengebiet identifiziert werden. Somit stellt die empirische Studie dieses Beitrages Forschungsneuland dar. Zur Überprüfung der postulierten Hypothesen dient eine kausalanalytische Auswertung der aus dieser Studie gewonnenen Daten. Besonderes Interesse gilt zwei Fragestellungen, die im Rahmen von Open Innovation für die durchführenden Unternehmen von besonderer Bedeutung sind:

- Wie können die gewonnenen Erkenntnisse bei der Auswahl von fortschrittlichen Kunden eingesetzt werden?
- Welche Hinweise ergeben sich auf die Gestaltung des Innovationsprozesses an sich?

Aus den Ergebnissen der Auswertung lassen sich im Anschluss konkrete Implikationen für das praktische Innovationsmarketing ableiten, um so den Open Innovation-Prozess zu einem wirkungsvollen Instrument zu machen.

2 Grundlagen zur interaktiven Wertschöpfung und Open Innovation

2.1 Prinzipien und Eigenschaften interaktiver Wertschöpfung

Interaktive Wertschöpfung stellt die dritte Evolutionsstufe der arbeitsteiligen Organisation von Wertschöpfungsprozessen dar (*Reichwald/Piller* 2006, S. 40). Es handelt sich dabei um eine bewusste, arbeitsteilige Zusammenarbeit zwischen Anbieterunternehmen und Kunden in einem sozialen Austauschprozess. Der Kern dieses Konzeptes ist die aktive und freiwillige Rolle des Kunden in der Wertschöpfung. Zum einen ist der Kunde weder rein passiver Empfänger ausschließlich herstellerdominierten Wertschöpfung, zum anderen wird er nicht wie bei diversen Self-Service-Angeboten zur zwangsweisen Mitarbeit verpflichtet (*Reichwald/Piller* 2006, S. 40). Interaktive Wertschöpfung soll in diesem Zusammenhang keine bewährten Konzepte ersetzen, sondern stellt eine Erweiterung der bestehenden Instrumente des Innovations-und Produktionsmanagements dar. Dabei lässt sich das Konzept der interaktiven Wertschöpfung durch neun Prinzipien konkretisieren (*Reichwald/Piller* 2006, S.42ff.)

- Freiwilliger Interaktionsprozess
- Gemeinsamer Problemlöseprozess
- Wissenstransfer durch Kundenintegration
- Open Innovation und Mass Customization als Formen
- Lösungsraum erweitern (Open Innovation) bzw. konkretisieren (Individualisierung)
- Arbeitsteilung auf Basis von Granularität, Selbstselektion und –koordination
- Kundennutzen durch Bedürfnisbefriedigung
- Unternehmensnutzen durch Differenzierung vom Wettbewerb
- Kompetenznotwendigkeit bei Kunden und Anbietern
- Trade–off zwischen Aufgabenteilung und internen Transaktionskosten

Das erste Prinzip stellt auch gleichzeitig die Grundlage dieses Ansatzes dar. Danach handelt es sich bei interaktiver Wertschöpfung um einen freiwilligen Interaktionsprozess zwischen Unternehmen und Kunden im Sinne eines sozialen Austauschprozesses. Die Handlungen der beteiligten Interaktionspartner sind interdependent und sinngemäß aufeinander ausgerichtet. Erfolgreich ist der Austauschprozess dann, wenn er für alle beteiligten Interaktionspartner einen Nutzen stiftet und für den Einzelnen keine zu hohen Kosten verursacht (*Reichwald/Piller* 2006, S. 45).

Zweitens stellt der freiwillige Interaktionsprozess gleichzeitig einen gemeinsamen Problemlösungsprozess dar. Im Verlauf dieses Prozesses werden zur Problemlösung sowohl materielle als auch immaterielle Ressourcen ausgetauscht, wobei der gegenseitige Zugriff auf lokales Wissen dominiert. Dieser Austausch von lokalem Wissen, besonders der Transfer von Kundenwissen in die Domäne der Unternehmung, beruht auf dem Konzept der Kundenintegration. Kundenintegration bedeutet, dass die Kunden an Aktivitäten teilnehmen, die klassischerweise der Domäne des Anbieters zugeordnet werden.
Diese Integration des Kunden lässt sich in verschiedenen Phasen des Wertschöpfungsprozesses vollziehen. Anhand von Grad und Ort der Kundenintegration lassen sich zwei grundlegende Formen der Interaktiven Wertschöpfung unterscheiden (*Reichwald/Piller* 2006, S. 45):

- Als Open Innovation werden jene Aktivitäten zwischen Herstellerunternehmen und Kunden bezeichnet, die sich auf den Innovationsprozess beziehen und so auf die Entwicklung neuer Produkte für einen größeren Abnehmerkreis ausgerichtet sind
- Als Produktindividualisierung werden im Kontrast hierzu jene Aktivitäten bezeichnet, die sich auf die Wertschöpfung im operativen Produktionsprozess beziehen und die auf die Entwicklung eines individualisierten Produktes für einen Abnehmer abzielen (im Englischen auch als Mass Customization bezeichnet)

Diese beiden Formen der Kundenintegration differieren vor allem in der Größe des Lösungsraums. Als Lösungsraum werden in diesem Zusammenhang alle Problemlösungen bezeichnet, die ein Unternehmen aufgrund vorhandener Produktarchitekturen realisieren kann (*Reichwald/Piller* 2006, S. 45). Dieser Lösungsraum ist bei der Produktindividualisierung begrenzt bzw. geschlossen, da der Kunde lediglich ein in großen Teilen vorgegebenes Produkt auf seine Bedürfnisse anpasst. Der Lösungsraum wird somit im Vorhinein vom Hersteller begrenzt; der Kunde kann sich lediglich in diesem vorgegebenen Rahmen bewegen. Bei Open Innovation hingegen steht der Kunde einem weitgehend offenen Lösungsraum gegenüber, den er selbst erweitern bzw. modifizieren kann (*Reichwald/Piller* 2006, S. 45). Die Anzahl der zur Problemlösungen geeigneten Lösungen ist somit viel höher als bei geschlossenem Lösungsraum. Die kooperative Zusammenarbeit und die freiwillige Mitarbeit des Kunden erfordern jedoch eine neue Form der Arbeitsorganisation zwischen Anbieter und Kunde. Zentrales Prinzip dieser neuen Form der Organisation ist die Bildung von möglichst „modularen" und „granularen" Teilaufgaben. Dies ist besonders wichtig, weil es eine heterogene Kundengruppe dabei unterstützt, auf Basis ihrer Fähigkeiten und Präferenzen freiwillig eine bestimmte Teilaufgabe zu wählen. Die klassische, hierarchische Aufgabenzuteilung wird somit durch das Prinzip der Selbstselektion ersetzt (*Reichwald/Piller* 2006, S. 45). Da es sich bei interaktiver Wertschöpfung um eine freiwillige Zusammenarbeit handelt, kann diese nur erfolgreich sein, wenn sie dem Kunden einen angemessenen Nutzen in Aussicht stellt. Der Nutzen für den Kunden kann dabei extrinsischer bzw. intrinsischer Natur sein. Extrinsischer Nutzen entsteht z. B. für den Kunden durch die Aussicht auf Verwendung eines neuen Produktes, wenn dieses bestimmte Bedürfnisse des Kunden befriedigt. Intrinsischer Nutzen kann unter anderem durch das Interaktionserlebnis erzielt werden (*Reichwald/Piller* 2006, S. 45).

Der Nutzen für das Anbieterunternehmen ergibt sich unter anderem aus der Tatsache, dass Interaktive Wertschöpfung einen Zugang zu Marktinformationen bereitstellt, die mit klassischen Marktforschungsinstrumenten nicht zugänglich sind. Dadurch kann der „fit-to-market" gesteigert werden, was sich durch steigende Marktakzeptanz und ein sinkendes Floprisiko bemerkbar macht. Individualisierte und/oder innovative Leistungsangebote bilden des Weiteren die Basis für eine effizientere Differenzierungspolitik (*Reichwald/Piller* 2006, S. 45). Damit sowohl Kunden als auch Anbieter ihre neuen Aufgaben wahrnehmen können, müssen sie neue Kompetenzen aufbauen. Auf Seiten der Kunden müssen die Fähigkeit und die Bereitschaft gegeben sein, Beiträge zu dem kooperativen Wertschöpfungsprozess zu leisten. Auf Seiten der Hersteller muss Integrationskompetenz vorhanden sein bzw. aufgebaut werden. Konkret bedeutet dies die Schaffung von interaktionsförderlichen Organisations-, Kommunikations-und Anreizstrukturen (*Reichwald/Piller* 2006, S. 45). Die Grenzen der Interaktiven Wertschöpfung ergeben sich aus dem Trade-off zwischen gestiegener Granularität der Aufgabenteilung einerseits und die dadurch verursachten Kosten andererseits (*Reichwald/Piller* 2006, S. 45). Eine sehr fein gegliederte Aufgabe lässt sich besser externalisieren, allerdings verursacht die spätere Integration der vielen kleinen Wertschöpfungsbeiträge hohe interne Kosten. Das vorgestellte Modell der Interaktiven Wertschöpfung lässt sich visuell wie folgt darstellen:

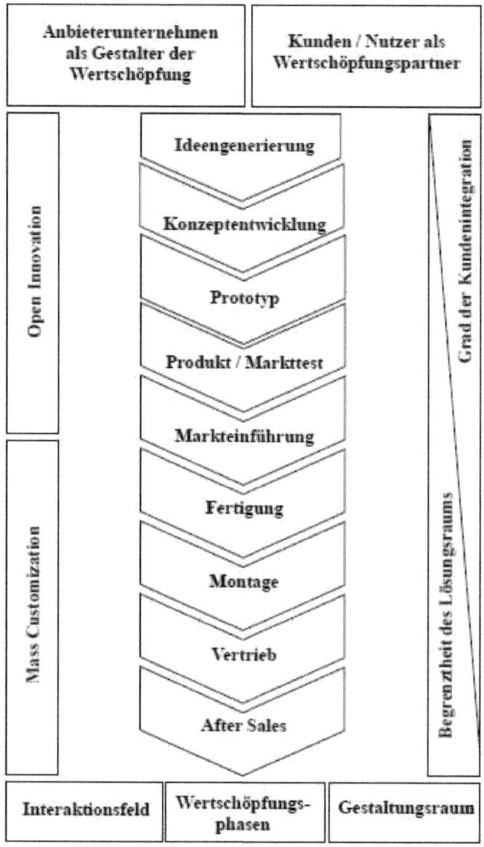

Abbildung 1: Das Modell der interaktiven Wertschöpfung
Quelle: eigene Darstellung nach Reichwald/Piller (2006), S. 44.

Wie die Graphik zeigt, können alle Unternehmensaktivitäten Bezugspunkte der interaktiven Wertschöpfung sein. In dieser Schrift soll sich die Sichtweise jedoch auf den Innovationsprozess beschränken. Im Folgenden interessiert, wie sich die Rolle des Kunden im Innovationsprozess im Laufe der Zeit verändert hat und welche Fähigkeiten beim Kunden zur Wahrnehmung seiner Rolle nötig sind.

2.2 Der Weg zu Open Innovation

Dass Innovationen für den wirtschaftlichen Erfolg einer Unternehmung eine zentrale Rolle spielen, ist keine neue Erkenntnis. *Schumpeter* stellte bereits Anfang des 20. Jahrhunderts in seiner "Theorie der wirtschaftlichen Entwicklung“ die zentrale Bedeutung von Innovationen für Wachstum und wirtschaftlichen Erfolg fest (*Schumpeter* 1912). Der Innovationsbegriff an sich ist jedoch in der Literatur nicht eindeutig definiert. Bis heute existiert eine semantische Vielfalt zum Begriff der Innovation (*Hauschildt* 2004, S. 3). Viele Autoren nennen jedoch das Element Neuartigkeit als zentral für eine Innovation (stellvertretend *Schmookler* 1966, S. 2). Nach *Schumpeter* ist das Wesen einer Innovation die "Durchsetzung neuer (Faktor-)Kombinationen“ (*Schumpeter* 1912, S. 100). Diese Definition trägt der Tatsache Rechnung, dass das bloße Vorhandensein einer neuen "Idee“ für eine Innovation nicht ausreicht, diese muss sich auch in der Praxis bewähren und durchsetzen, d. h. entweder am Markt und/oder im innerbetrieblichen Einsatz. Doch wie entstehen Innovationen? Der Prozess hin zu einer Innovation verläuft nicht linear, sondern ist von rekursiven Schleifen und oftmals durch zahlreiche Brüche gekennzeichnet (*Hauschildt* 2004, S. 10). Dennoch herrscht Übereinstimmung darüber, dass sich der Innovationsprozess in zeitlich aufeinander folgenden Phasen darstellen lässt (*Lüthje* 2000, S. 10). Über die Anzahl der Phasen herrscht allerdings ebenso Uneinigkeit wie über den Innovationsbegriff an sich. Die Anzahl reicht von dreistufigen bis zu 67-stufigen Phasenmodellen (*Thom* 1980, S. 51 f.; *Tranfield et al.* 2003, S. 27 ff.). Ein fünfstufiges Modell stammt von den Autoren *Herstatt* und *Verworn*. Sie beschreiben in ihrem Buch "Management der frühen Innovationsphasen“ ein Modell mit den fünf Phasen Ideengenerierung und -bewertung, Konzepterstellung, Entwicklung, Prototypenbau und Markteinführung (*Herstatt/Verworn* 2003, S. 41).

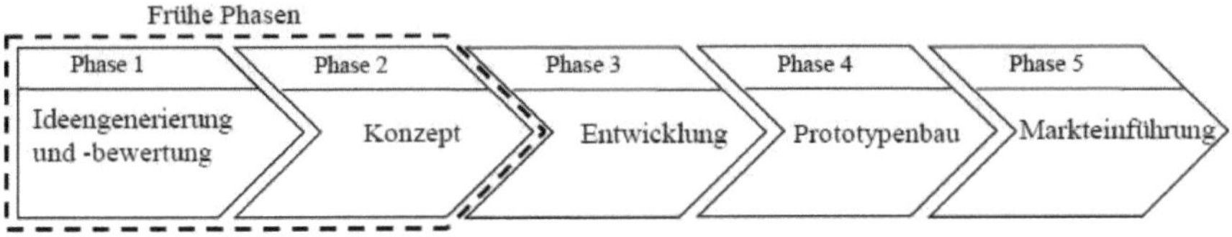

Abbildung 2: Phasen des Innovationsprozesses
Quelle: eigene Darstellung nach Herstatt/Verworn (2003), S. 9.

Die Autoren gehen in ihrem Modell explizit auf die früheren Phasen des Innovationsprozesses ein und teilen den insgesamt fünfstufigen Prozess grob in eine frühe und eine späte Phase der Innovation. Ideengenerierung und -bewertung bilden dabei zusammen mit der Phase "Konzepterarbeitung und Produktplanung“ die frühen Phasen des Prozesses. Die frühe Phase beinhaltet somit sämtliche Aktivitäten vom ersten Impuls für ein neues Produkt bis zur abschließenden Go-No-Go-Entscheidung, mit der die eigentliche Umsetzung des Konzepts bzw. die Entwicklung des Produktes beginnen kann (*Herstatt/Verworn* 2003, S. 9). Die restlichen Phasen werden zusammengefasst als späte Phasen bezeichnet. Eine solche Zweiteilung des Prozesses ist eine weitere der wenigen Gemeinsamkeiten zwischen den Phasenmodellen. Unterschiede zeigen sich hier sehr häufig lediglich in den verwendeten Begrifflichkeiten. So kommen für den Begriff frühe Phasen häufig auch Ausdrücke wie z. B. Pre-Development-Phase, Up-Front-Activities-Phase, Vorprojektphase und sehr häufig Fuzzy Front End zum Einsatz (*Khurana/Rosenthal* 1998, S.58).

Insbesondere letztgenannter Begriff spielt auf die äußerst dynamischen, zumeist unstrukturierten und von hoher Unsicherheit geprägten Aktivitäten in den frühen Phasen an. Diese ersten Phasen sind von hoher Bedeutung, da bereits hier zu einem großen Teil die Kosten, die Dauer und der Erfolg von Entwicklungsprojekten bestimmt werden (*Jetter* 2005, S. V). Die hohe Bedeutung dieser von Unsicherheit geprägten Phasen für den weiteren Verlauf eines Innovationsprojekts bringen *Herstatt/Verworn* gelungen zum Ausdruck, wenn sie meinen:

> “The greatest differences between winners and losers were found in the quality of execution of pre-development activities.“ (*Herstatt/Verworn* 2003, S. 6).

Die Unsicherheit in den frühen Phasen hat mehrere Ursachen. Zum einen ist nicht klar, ob sich neue Ideen technisch überhaupt realisieren lassen, zum anderen ist unklar, ob für diese neuen Produkte überhaupt ein Bedarf und damit ein Markt besteht (*Herstatt/Verworn* 2003, S. 9). Um diese technologische und marktbezogene Unsicherheit weitestgehend reduzieren zu können, benötigen Unternehmen zwei Arten von Informationen:

- Bedürfnisinformation über die Kunden-und Marktbedürfnisse („need information“), d. h. Informationen über Präferenzen, Wünsche, Zufriedenheitsfaktoren und Kaufmotive der aktuellen und potentiellen Kunden bzw. Nutzer einer Leistung. Der Zugang zu Bedürfnisinformation beruht auf einem intensiven Verständnis der Nutzung- und Anwendungsumgebung der Abnehmer (*Thomke* 2003, S. 25);

- Lösungsinformation („solution information“) beschreibt die technologischen Möglichkeiten und Potenziale, Kundenbedürfnisse möglichst effzient und effektiv in eine konkrete Leistung zu überführen. Lösungsinformation ist die Grundlage für die entwerfenden Aktivitäten von Produktentwicklern im Innovationsprozess (*Thomke* 2003, S. 25).

Diese Unterscheidung geht auf empirische Studien von *Baker et al.* zurück, die belegen konnten, dass sich ein Großteil der Ideen zu Innovationen auf diese zwei Arten von Informationen zurückführen lässt (Baker et al. 1967, S. 156). Im Folgenden interessiert, wer welche dieser Informationen bereithält, wie diese Informationen erhoben werden können und wie sich im Laufe der Zeit die Rolle des Kunden im Wertschöpfungsprozess verändert hat.

2.2.1 Voice of the Customer-Ansätze

Im klassischen Innovationsprozess werden Bedürfnis- und Lösungsinformationen zwei unterschiedlichen Domänen zugeordnet (*Reichwald/Piller* 2006, S. 108). Unternehmen versuchen durch eine Vielzahl von Marktforschungstechniken die Bedürfnisinformationen der Nachfrager zu erheben, also die „Stimme des Kunden“ aufzunehmen und zu speichern (in der englischsprachigen Literatur wird von „Voice-of-the-Customer“ gesprochen, *Griffin/Hauser* 2003, S. 5). In einem zweiten Schritt wird dann mit Hilfe der intern vorhandenen Lösungsinformationen der Entwicklungsabteilungen ein passendes Produkt kreiert (*von Hippel* 1978b, S. 39ff.). Bedürfnisinformationen befinden sich also bei den Kunden oder Nutzern, Lösungsinformationen befinden sich bei den Unternehmen. Innovation ist nach dieser klassischen Auffassung allein Aufgabe des Unternehmens, das selbstständig Bedürfnisinformationen erheben und mit Lösungsinformationen kombinieren muss. Den Kunden fällt eine rein passive Rolle zu (speaking only when spoken to). *Von Hippel* bezeichnet diese Dominanz des Herstellers als „manufacturer-active-paradigm“ (kurz MAP), da die Initiative jeder Innovationsphase vom Hersteller ausgeht (*von Hippel* 1978b, S. 3ff.). Zentrale Methoden des MAP sind neben den klassischen Marktforschungsinstrumenten wie Beobachtung, Befragung etc. auch integrierte Ansätze des Qualitätsmanagements wie beispielsweise Methoden des Quality Function Deployment (QFD) (*Schallok/Bading* 2007, S. 153). Diese Kundenorientierung im Innovationsprozess hat sicherlich zur Reduzierung des Floprisikos von Innovationen beigetragen. Viele Autoren betonen die Notwendigkeit der Kundenorientierung im Innovationsprozess, um die marktlichen Unsicherheiten und damit das Floprisiko zu verringern (*Lüthje* 2000, S. 14; *Steiner* 2007, S. 189). Vielfach beschränkt sich diese Form der Kundenorientierung jedoch auf die Anwendung von klassischen, wenn auch verfeinerten Marktforschungsinstrumenten. Innovationen werden bereits früh auf die Bedürfnisse durchschnittlicher Kunden ausgerichtet, um eine breite Marktakzeptanz sicher zu stellen (*Reichwald/Piller* 2005, S. 5). In Anbetracht steigender Heterogenität der Kundenwünsche und einer zunehmenden Produktvielfalt sind jedoch solche Durchschnittsprodukte immer weniger zur Bedürfnisbefriedigung geeignet. Denn auch wenn sich der Innovationsprozess von außen betrachtet an den Präferenzen und Zufriedenheitsurteilen eines durchschnittlichen Kundensegments orientiert, wird die Heterogenität der Kundenwünsche durch ein Standardproduktdesign nicht berücksichtigt (*Reichwald/Piller* 2005, S. 5). So stehen den in der Regel enormen Marktforschungsanstrengungen bzw. -kosten immer noch relativ hohe Flopraten gegenüber (*Franke/Piller* 2004, S. 403).

Des Weiteren nimmt der klassische Innovationsprozess viel Zeit in Anspruch, da man sich dem finalen Produkt nur in vielen iterativen Schritten nähert (*Franke/Piller* 2004, S. 403). Es werden Ideen bewertet und essenzielle Produktattribute erarbeitet, diese dann mit Kundenpräferenzen abgeglichen und zu testfähigen Prototypen verarbeitet. Um das Fehler-bzw. Floprisiko zu verringern, werden an vielen Stellen des Prozesses Bedürfnisinformationen iterativ integriert (*Franke/Piller* 2004, S. 403).Wird in einer Phase noch Verbesserungspotenzial festgestellt, macht dies einen Rückschritt in vorangegangene Phasen notwendig, die dann erneut durchlaufen werden müssen. Ein Innovationsprozess mit vielen Iterationen verursacht auf diese Weise hohe Kosten und nimmt viel Zeit in Anspruch, ohne dass am Ende zwingend ein erfolgreiches neues Produkt stehen muss.

Kommt es letztendlich zur Entwicklung eines innovativen, neuen Produktes, so sollte dieses möglichst kundengerecht gestaltet sein. Zum Zeitpunkt der Markteinführung sollte es also die Bedürfnisse der Kunden bestmöglich erfüllen. Aufgrund der Dauer des klassischen Innovationsprozesses ergibt sich für ein Herstellerunternehmen am Anfang des Prozesses allerdings ein Prognoseproblem (*Lüthje* 2000, S. 14). Da sich über die Dauer des Innovationsprozesses die Bedürfnisse der Abnehmer verändern können, sind gegenwartsbezogene Kundenwünsche am Anfang des Prozesses allenfalls ein Anhaltspunkt für zukünftige, relevante Bedürfnisse.

Dies stellt auch einen der Gründe dar, warum sich die Entwicklungszeiten sowie Produktlebenszyklen in einigen Branchen stark verkürzt haben bzw. verkürzt werden mussten. Die Entwicklungszeit in der Automobilindustrie sowie bei vielen elektronischen Geräten hat sich z. B. im Vergleich zu den 70er Jahren mehr als halbiert (*Hungenberg* 2004, S. 215). Es erscheint somit sinnvoll, frühzeitig Informationen zu sammeln, die erst nach Beendigung des Innovationsprozesses im Markt relevant sind (*Brockhoff* 1984, S. 340). Die Schwierigkeit besteht mithin darin, schon heute die marktrelevanten Bedürfnisse von morgen zu antizipieren. Werden bei der Entwicklung lediglich gegenwartsbezogene Verbraucherinformationen erhoben und umgesetzt, bleibt die Gefahr eines hohen Floprisikos (*Kleinschmidt et al.* 1996, S. 111). Eine solche Antizipation bzw. Prognose wird umso schwieriger, je länger die Entwicklungszyklen für neue Produkte sind und je stärker sich die Bedürfnisse ändern. Auch deshalb spielt die Entwicklungszeit eine immer wichtigere Rolle für den Erfolg eines Innovationsprojektes.

2.2.2 Öffnung der Unternehmensgrenzen und Innovationsnetzwerke

Bisher ist man davon ausgegangen, dass ein Unternehmen den kompletten Innovationsprozess von der Ideengenerierung bis zum Prototypenbau und zum Markttest geschlossen innerhalb der Unternehmung durchführt. Dies trägt der klassischen Annahme Rechnung, dass Lösungen für innovative Aufgaben und Probleme zum Großteil aus unternehmensinternen Abteilungen stammen. Eine starke Forschungs- und Entwicklungsabteilung galt so Jahrzehnte lang als notwendige Bedingung für den Unternehmenserfolg. Auch in der heutigen, von Outsourcing und Verschlankung beherrschten, Unternehmenswelt gilt die Forschung und Entwicklung häufig als wesentliche, verbleibende Kerntätigkeit (*Reichwald/Piller* 2006, S. 114). Die Ideen und Konzepte dieser Abteilungen sichern langfristigen Erfolg und die erworbenen Kompetenzen stellen eine nicht zu vernachlässigende Markteintrittsbarriere potenzielle Konkurrenten dar, so die Denke. Dabei ist das Unternehmen bei reiner Innenorientierung jedoch zum einen auf eine große interne Wissensbasis angewiesen. Zum anderen müssen sämtliche Versuchs- und Evaluierungsschritte ebenfalls selbst durchgeführt werden, was zu oben genannten Problemen führen kann (*Reichwald/Piller* 2006, S. 116). Deshalb binden Unternehmen vermehrt externe Akteure in den Problemlöseprozess mit ein, da dieser dann oft schneller, kostengünstiger und/oder auf einem höheren Niveau vollzogen werden kann (*Reichwald/Piller* 2006, S.116). So kommt es z. B. häufig vor, dass Probleme eines Unternehmens bereits in einer anderen Domäne gelöst wurden, suchenden Unternehmen aber aufgrund der Innenorientierung nicht bekannt sind. Auch viele empirische Untersuchungen haben gezeigt, dass die Vorstellung eines vollständig herstellerdominierten und innenorientierten Innovationsprozesses unvollständig ist (*Reichwald/Piller* 2006, S.120). Vielmehr kann der Innovationsprozess heute als interaktive Beziehung zwischen einem zentralen Unternehmen in einem Netzwerk und seinen Zulieferern, Kunden und anderen Institutionen gesehen werden (*Laursen/Salter* 2004, S. 3). So kommt eine Studie von *Staiger* zu dem Ergebnis, dass sich in der Automobilindustrie in den Jahren von 2000 bis 2010 die Entwicklungsausgaben der Zulieferunternehmen von derzeit 20 auf 50 Prozent erhöhen werden. Auch der Beitrag zur Gesamtwertschöpfung stieg um 10 Prozentpunkte auf 75 Prozent (*Staiger et al.* 2006, S. 35).

Die Idee der Vernetzung mit externen Wertschöpfungspartnern ist aber nicht bloß eine Erscheinung in der Autobranche. Auch große Konsumgüterhersteller setzen vermehrt auf eine Kooperation mit externen Wertschöpfungspartnern. Nach Angaben von Procter & Gamble hat die neu implementierte Unternehmensstrategie "Connect and Develop“ das Ziel, dass in Zukunft etwa 50 Prozent der Innovationen außerhalb der eigenen Forschungsabteilung entwickelt werden sollen (*Homepage von Openeur: http://www.openeur.com/blog/2006/12/03/)*. Diese deutlich vielschichtigere Sichtweise des Innovationsprozesses als Netzwerk verschiedenster Akteure löst nach und nach das von *Schumpeter* skizzierte Bild eines einsamen innovativen Unternehmens ab (*Piller* 2006, S. 5). Die Unternehmensgrenzen verschwimmen zunehmend und Unternehmen kommerzialisieren auch Ideen, die nicht aus ihrer eigenen Domäne stammen. Diese offene Sicht des Innovationsprozesses wird in der Literatur seit einigen Jahren unter dem Begriff "Open Innovation“ diskutiert (*Reichwald/Piller* 2005, S. 4). Die Verbreitung des Begriffs geht vor allem auf *Chesbrough* zurück (*Chesbrough* 2003, S. 43 f.). Er stellt den offenen Innovationsprozess (open innovation) in Kontrast zum klassischen geschlossenen Prozess (closed innovation), in dem Unternehmen nur die Ideen nutzen, die aus ihrer eigenen Domäne stammen (*Chesbrough* 2003, S. 21 f.).

> "Open innovation is characterized by cooperation for innovation within wide horizontal and vertical networks of universities, start-ups, suppliers, customers, and competitors. Companies can and should use external ideas as well as those from their own R+D departments, and both internal and external paths to the market, in order to advance their technology (*Laursen/Salter* 2004, S. 3).“

Abbildung 3 verdeutlicht noch einmal den Unterschied zwischen Closed-und Open Innovation.

Doch hat sich durch die Öffnung der Unternehmen die Rolle des Kunden im Wertschöpfungsprozess geändert? Eigentlich nicht. Die Hersteller ermitteln wie bisher die Kundenbedürfnisse durch Marktforschungsinstrumente; nur stammen die Lösungsideen nicht mehr allein vom Hersteller, sondern werden zusätzlich von formalen Partnern bezogen. Die Kunden galten und gelten als Wertempfänger nicht als Wertschöpfer. Daher verbleibt auch der Netzwerkansatz in der Vorstellung des manufacturer-active-paradigm (*Reichwald/Piller* 2006, S. 120).

2.2.3 Von der Kundenorientierung zur Kundenintegration

Bei den bisherigen Ansätzen verfügt ausschließlich der Hersteller bzw. sein formales Netzwerk an Partnern über Lösungsinformationen. Doch auch Abnehmer können eine wichtige Quelle für Lösungsinformation darstellen (*Piller* 2006, S. 5). So analysierte z. B. *von Hippel* eine Vielzahl von Innovationsprojekten daraufhin, ob der Anstoß zur Entwicklung und deren erste Schritte von Herstellern, Lieferanten oder Kunden getätigt wurden. Er fand heraus, dass viele Innovationsaktivitäten nicht ausschließlich durch den Hersteller dominiert werden, sondern dass ein signifikanter Anteil des Innovationspotenzials auf Seite der Kunden zu finden ist. So sind im Industriegüterbereich je nach Branche 20% bis sogar 80% der Neuproduktentwicklungen auf eine Idee oder sogar Prototypen der Nutzer zurückzuverfolgen (*von Hippel* 2005, S. 20; eine Übersicht ausgewählter Studien zum Anteil innovativer Nutzer an allen Nutzern der Produkte einer Branche findet sich bei *von Hippel* 2005). Selbst im klassischen Konsumgüterbereich sind nach Lüthje mehr als knapp 10% der Nutzer innovativ tätig (*Lüthje* 2000, S. 46).

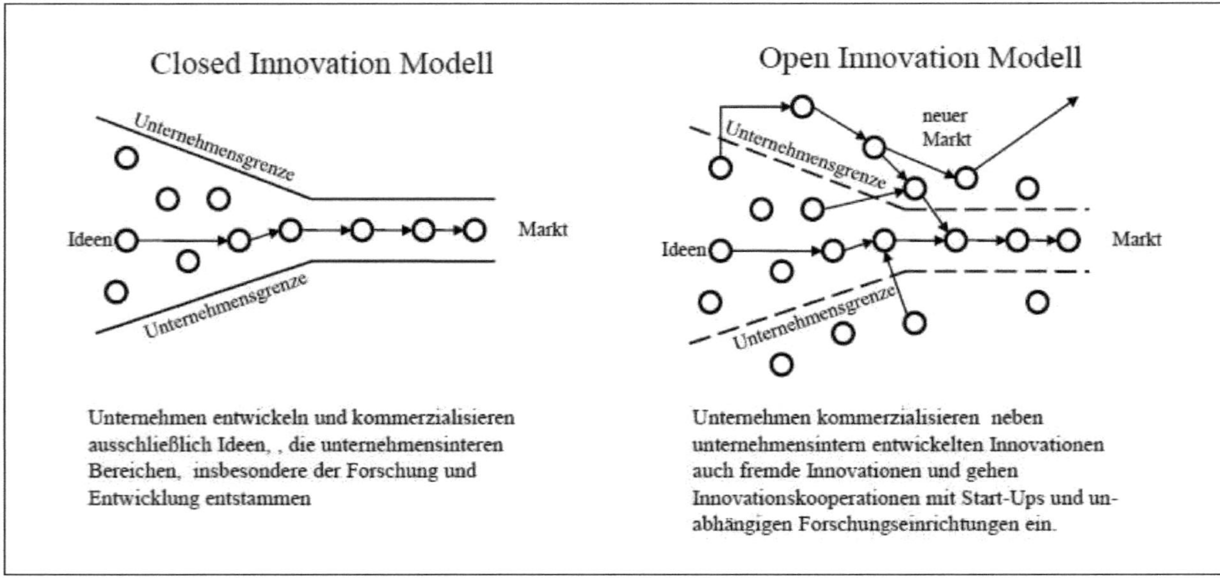

Abbildung 3: Closed vs. Open Innovation nach Chesbrough
Quelle: eigene Darstellung nach Reichwald/Piller (2006), S. 119.

Diese Zahlen belegen eindrucksvoll das Innovationspotenzial von Kunden oder Nutzern und zeigen gleichzeitig einen neuen Weg zu erfolgreichen Entwicklung von Innovationen auf. Anstatt die Kunden zu befragen, was denn ihre offenen Wünsche und Bedürfnisse seien und diese Informationen dann in neue Produkte und Leistungen umzusetzen, wird bei den Kunden und potenziellen Nutzern direkt nach neuen Lösungen gesucht (*Reichwald/Piller* 2006, S. 122). Der Kundenbeitrag beschränkt sich in diesem Fall nicht mehr auf die reine Bedürfnisartikulation und Teilnahme an Markttests, sondern wird erweitert durch den Transfer konkreter Innovationsideen, ausgereifter Produktkonzepte oder gar fertig entwickelter Prototypen. Diese initiierende Rolle des Kunden bezeichnet *von Hippel* als "customer-active-paradigm“ (*von Hippel* 1978a, S. 3). Anders als beim manufacturer-active-paradigm stößt hier der Kunde den Innovationsprozess an, nicht das Unternehmen. "Wenn sie (Kunden) ein neues Bedürfnis haben, dass durch das aktuelle Angebot am Markt nicht oder nur unzureichend befriedigt werden kann, werden sie selbst aktiv und entwickeln eine eigene Lösung“ (*Reichwald/Piller* 2006, S.122). Den Unterschied zwischen den beiden Paradigmen soll Abbildung 4 noch einmal verdeutlichen.

Beim "customer-active-paradigm“ müssen Unternehmen jedoch keineswegs nur passiv auf Innovationen aus der Kundendomäne warten. Herstellerunternehmen können z. B. versuchen, durch bestimmte Hilfsmittel Innovationen zu unterstützen oder gar anzuregen. Einige Autoren vertreten sogar die Meinung, dass Kundeninnovation ein Vorgang ist, der durch ein Herstellerunternehmen aktivierbar und (zumindest teilweise) steuerbar ist (*Piller* 2006, S. 8; *Reichwald/Piller* 2006, S. 131). Durch den Einsatz von sogenannten "Toolkits for user innovation“ lassen sich eine große Zahl von Kunden in verschiedene Phasen des Innovationsprozesses einbinden. Ein Toolkit repräsentiert hierbei eine Entwicklungsplattform, die es dem Nutzer ermöglicht, in einem iterativen Prozess seine Bedürfnisse in Lösungen zu transferieren, ohne direkt mit dem Hersteller in Kontakt zu treten. Diese Entwicklungsumgebung ist wiederum Teil einer Interaktionsplattform, die vom Hersteller bereitgestellt wird (*Reichwald/Piller* 2006, S. 164).

Der Prozess wird so zwar vom Unternehmen angestoßen, der klassische Trail-and-Error-Prozess wird jedoch an den Kunden übergeben (*Franke/Piller* 2004, S. 2). Die Anwendung einer solchen Methode wandelt dann das klassische customer-active-paradigm, welches vom autonom handelnden Kunden ausgeht, in einen kooperativen Wertschöpfungsprozess im Sinne von interaktiver Wertschöpfung. *Reichwald* und *Piller* verwenden für solch eine Konkretisierung der Prinzipien von interaktiver Wertschöpfung im Innovationsprozess den bereits bekannten Begriff Open Innovation (*Reichwald/Piller* 2006, S. 131).

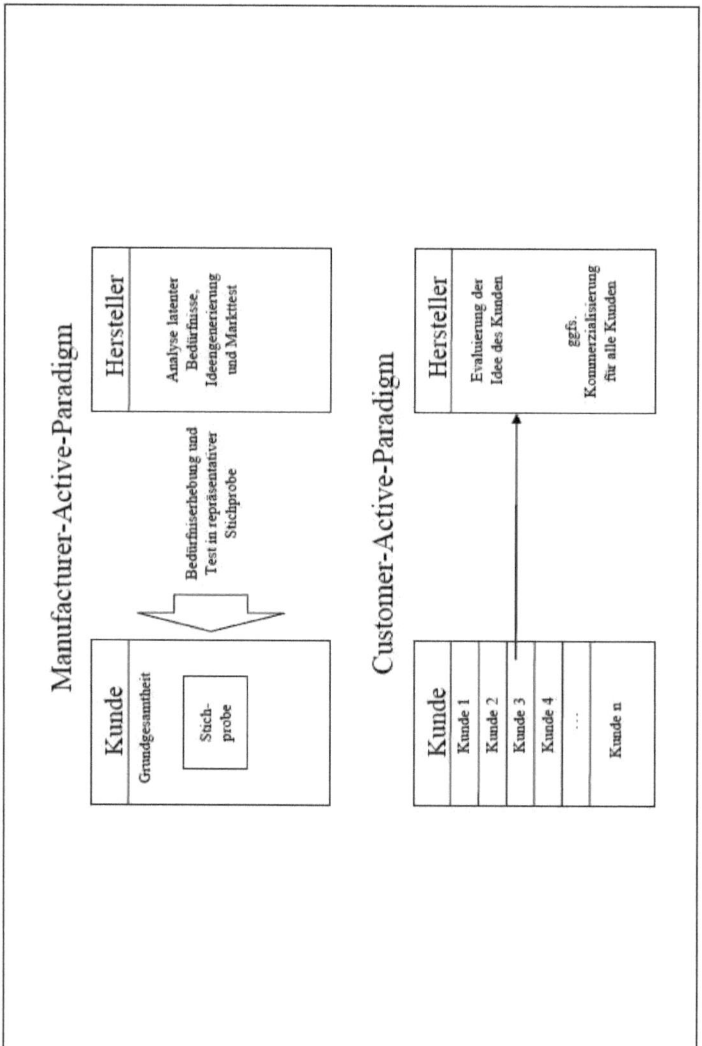

Abbildung 4: Vom MAP zum CAP
Quelle: eigene Darstellung nach von Hippel (1978a), S. 242.

2.3 Open Innovation in der Forschungsliteratur

2.3.1 Vorteile von Open Innovation für Hersteller

Open Innovation ist nach dem Verständnis von *Reichwald* und *Piller* "die systematische Integration von Kundenaktivitäten und Kundenwissen in einzelne oder (im Extremfall) alle Phasen des Innovationsprozesses“ (2006, S. 131). Zwischen Unternehmen und Kunden entsteht so eine Wertschöpfungspartnerschaft mit integrierter Problemlösekompetenz. Kunden werden mit Hilfe bestimmter Hilfswerkzeuge der Unternehmen selbst aktiv und transferieren ihr implizites Wissen in neue Ideen oder sogar Lösungen. Innovationen werden von Herstellerunternehmen mit Hilfe von ausgewählten Kunden bzw. Nutzern gemeinschaftlich generiert (*Reichwald/Piller* 2006, S. 131). Diese Rolle der Kunden als aktive und kreative Partner im Innovationsprozess ist kein Bestandteil des Open Innovation-Verständnisses von *Chesbrough* und wird bislang auch in der Literatur noch wenig betrachtet. Diese Schrift folgt dem Open Innovation-Verständnis von *Reichwald* und *Piller*, da der kooperative Charakter des Prozesses sowie die Freiwilligkeit in der Mitarbeit des Kunden zentral für spätere Modellanalyse sind. Mit dem kooperativen Charakter und der Freiwilligkeit hat sich die Rolle des Kunden im Innovationsprozess dramatisch verändert. Die Vorteile, die sich aus dieser neuen Rolle für Unternehmen und Kunden ergeben, sollen in den folgenden Abschnitten behandelt werden.

Herstellerunternehmen können durch die Anwendung von Open Innovation stark profitieren. Dies lässt sich an einer Verbesserung der Erfolgskennziffern ablesen, die für einen Innovationsprozess wesentlich sind. Nach *Piller* lassen sich vor allem die folgenden Verbesserungen identifizieren (*Piller* 2004, zitiert nach *Reichwald/Piller* 2006, S. 149):

Reduzierung der Time-to-Market

Time-to-Market beschreibt den Zeitraum von Beginn der Entwicklung eines Produktes bis zu dessen Markteinführung. Die Time-to-Market nimmt durch immer kürzere Produktlebenszyklen und erhöhte Marktrivalitäten entscheidend an Bedeutung zu (*Reichwald/Piller* 2006, S. 173). Unternehmen, die diese Zeit verkürzen und somit Produkte vor der Konkurrenz anbieten können, haben die Möglichkeit, hohe Marktanteile und somit hohe Markteintrittsbarrieren aufzubauen. Sie können früher als die Konkurrenz Erfahrungen sammeln und so Erfahrungskurven- und Skaleneffekte realisieren. Eine erhöhte Zahlungsbereitschaft der Kunden in frühen Produktlebenszyklen sowie der Imagegewinn durch einen frühen Markteintritt kommen frühen Innovatoren ebenfalls zugute (*Reichwald/Piller* 2006, S. 24ff.). Begründen lässt sich die Reduzierung der Entwicklungszeit durch Open Innovation mit den Prinzipien und Vorteilen der Arbeitsteilung (*Picot et al.* 2003, S.24ff.). Es werden jene Aktivitäten an Kunden abgegeben, die implizites Wissen des Kunden benötigen (*Reichwald/Piller* 2006, S. 151). Durch diese Aufgabenteilung lassen sich die bereits angesprochenen, zeitraubenden Iterationen im Innovationsprozess vermeiden. Der Trial-and-Error Prozess findet zwar trotzdem statt, aber eben auf Kundenseite. Während dieses Prozesses nähert sich der Kunde schrittweise einer für seine Bedürfnisse optimalen Lösung. Vor allem die bereits angesprochenen Tool-Kits for User Innovation und Innovation-Communities basieren auf diesem Prinzip (*Reichwald/Piller* 2006, S. 151). Zusammenfassend lässt sich durch die Spezialisierung und Aufgabenteilung im Innovationsprozess eine deutliche Zeitersparnis bis zur Markteinführung eines Produktes realisieren.

Reduzierung der Cost-to-Market

Cost-to-Market bezeichnet die Kosten, die im Rahmen eines Innovationsprozesses vom Beginn der Planung bis zu seiner Markteinführung anfallen, und welche dem Produkt unmittelbar zugeordnet werden können (*Reichwald/Piller* 2006, S. 151). Dem Kostenfaktor des Innovationsprozesses kommt angesichts globalisierter Märkte und Preisdumping eine immer größere Bedeutung zu. Produkte müssen kostenrentabler produziert werden, um am Markt Bestand zu haben. Gelingt es einem Unternehmen, die Kosten für Forschung und Entwicklung zu reduzieren, steigt ceteris paribus dessen Rentabilität. Dies trägt zum langfristigen Fortbestand des Unternehmens bei (*Reichwald/Piller* 2006, S. 151). Eine Kostenreduzierung kann durch Open Innovation realisiert werden, da sich durch die angesprochene Arbeitsteilung nicht nur eine Zeit-, sondern auch eine Kostenersparnis ergibt. Diese Ersparnis stellt sich besonders dann ein, wenn Kunden Aktivitäten vollziehen, für die Investitionen in bestimmte Ressourcen nötig sind, wie z. B. bei der Erstellung eines eigenen Prototyps (*Reichwald/Piller* 2006, S. 151). Die Produktion von Prototypen durch den Hersteller kann sehr teuer sein, da oft mehrere Prototypen entworfen werden müssen, bis ein kundenakzeptierter bzw. marktfähiger Prototyp entstanden ist. Wenn innovative Kunden gleichzeitig als Meinungsführer ihrer Domäne auftreten, bekommt Open Innovation noch einen weiteren kostensenkenden Aspekt: die kostenlose Werbung. Meinungsführer sind in der Lage, innerhalb ihres Wirkungsbereichs starken Einfluss auf andere auszuüben und wirken somit als Multiplikator im Markt. Sie machen ein Produkt bekannt und schildern anderen den Nutzen des neuen Produktes, was einer kostenlosen Werbung und Vermarktung entspricht. Kooperativ-innovativ tätige Kunden fördern somit die Bekanntmachung und Verbreitung des neuen Produktes ohne finanzielle Mittel (*Reichwald/Piller* 2006, S. 152).

Steigerung des Fit-to-Market

Als Fit-to-Market bezeichnet man die Marktakzeptanz eines neuen Produktes im Sinne einer positiven Kaufeinstellung der Nachfrager (*Reichwald/Piller* 2006, S. 152). Besitzt ein Produkt eine hohe Marktakzeptanz, so impliziert dies, dass das entsprechende Produkt die Bedürfnisse der Kunden in diesem Markt befriedigt.

Voraussetzung für einen hohen Fit-to-Market ist die möglichst optimale Verknüpfung von Informationen über die Bedürfnisse potenzieller Kunden (Bedürfnisinformation), mit Informationen, wie diese Bedürfnisse ein dazu passendes Leistungsangebot überführt werden können (Lösungsinformation). Der Fit-to-Market ist also maßgeblich von der Qualität der vorhandenen Bedürfnis- und Lösungsinformationen und deren optimaler Abstimmung untereinander abhängig. Für den Hersteller verbessert sich also die Chance einer hohen Marktakzeptanz des neuen Produktes, wenn die Qualität der Bedürfnis-und/oder Lösungsinformationen steigt. Beides lässt sich durch Open Innovation realisieren (*Reichwald/Piller* 2006, S. 152).

Eine Verbesserung der Bedürfnisinfomationen lässt sich durch die Integration von innovativen Kunden in den Open Innovation Prozess erreichen. Da innovative Kunden meist innovative Bedürfnisse besitzen, die für einen Großteil des Marktes erst zu einem späteren Zeitpunkt relevant werden, können diese Bedürfnisse als repräsentativ für ein zukünftiges Marktsegment gesehen werden (*Reichwald/Piller* 2006, S. 152). Diese Kunden besitzen also schon heute die relevanten Bedürfnisse von morgen. Solch innovative Bedürfnisse sind jedoch recht schwierig zu extrahieren und durch klassische Marktforschung nur unzureichend zu erheben. So stellt auch *Christensen* fest, dass klassische Marktforschung, aber auch ausgeklügelte „Voice-of-the-Customer“ Ansätze, im Fall wirklich innovativer Bedürfnisse, Ideen und Konzepte regelmäßig scheitern lässt (*Christensen* 1997, zitiert nach *Reichwald/Piller* 2005, S. 5). Dies liegt vor allem daran, dass die Marktforschung den Kunden im klassischen Innovationsprozess als statistische Durchschnittsgröße interpretiert. Für innovative Problemstellungen haben jedoch die Bedürfnisse „normaler“ Kunden keinen Problemlösecharakter (*Reichwald/Piller* 2006, S. 152).

Da Open Innovation jedoch die aktive Integration von innovativen Kunden in den Innovationsprozess propagiert, führt dies zu einer Verbesserung der Qualität von Bedürfnisinformationen. Von oder mit innovativen Kunden entwickelte Produkte haben so größtenteils deutlich höhere Umsätze als vergleichbare, aber konventionell entwickelte Produkte. Dies lässt sich durch die höhere Marktakzeptanz der Produkte erklären. Die Zufriedenheit der Kunden mit dem Produkt resultiert aus dem Fit zwischen Nutzerbedürfnissen und Produkteigenschaften. Doch auch die Qualität der Lösungsinformationen, welche ebenfalls den Fit-to-Market erhöhen, lässt sich durch Open Innovation steigern (*Reichwald/Piller* 2006, S.152). Im klassischen Innovationsprozess verwenden Unternehmen Lösungsinformationen ihrer FuE-Abteilungen. Wie bereits erläutert, verfügen aber auch innovative Kunden über Lösungsinformationen. Durch deren Integration in den Innovationsprozess kommt es zu einer Erweiterung des Pools an Ideen- und Lösungsinformationen (*Reichwald/Piller* 2006, S.152). Ein hoher Fit-to-Market eines Produktes bedeutet in der Regel auch, dass die Zahlungsbereitschaft der Kunden für dieses Produkt steigt (*Reichwald et al.* 2007, S. 175). Ist dies der Fall, so ergibt sich daraus ein Ansatzpunkt für eine Differenzierungsstrategie im Rahmen eines marktorientierten Ansatzes.

Erhöhung des New-to-Market

New-to-Market beschreibt den wahrgenommenen Neuigkeitsgrad einer Innovation für den Kunden (*Reichwald et al.* 2007, S. 175). Dieser ist bei Produkten aus einem traditionellen Innovationsprozess regelmäßig gering, da häufig nur inkrementelle Innovationen hervorgebracht werden. Dabei handelt es sich meist um die Weiterentwicklung eines bestehenden Produktes oder um Modellpflege (*Christensen* 1997, S. XVIII). Diese Art von Innovationen verwendet vorhandenes Wissen und orientiert sich an vorhandenen Lösungen, was den geringen Neuigkeitsgrad dieser Innovationen erklärt. Es werden vor allem intern vorhandene Lösungsinformationen in Form von Produkt- und Verfahrenswissen für den Innovationsprozess verwendet.

Innovationen hingegen, die aus der Nutzerdomäne stammen, sind in der Regel eher funktional innovativ, da diese an unbefriedigten Bedürfnissen der Nutzer ansetzen. So können nicht nur neue Funktionalitäten in Produkte integriert werden; zum Teil können komplett neue Märkte entstehen (*Reichwald/Piller* 2006, S. 153 f.). Besonders im Sportartikelbereich gibt es hierfür zahlreiche Beispiele. So entstand der mittlerweile sehr populäre Sport des Kite-

Surfing aus der Domäne der klassischen Surfer, die durch den Wunsch nach höheren und weiteren Sprüngen getrieben mit anfangs selbstgebauten Kombinationen aus Surfboards und Segeln von Drachenfliegern experimentierten, und so ein vollkommen neues Sportgerät schufen (*von Hippel* 2005, S. 95). Die größtenteils von ehemaligen Sportlern gegründeten Unternehmen im Kite-Surfing-Bereich teilen heute einen beachtlichen Markt von knapp 100-Millionen Dollar untereinander auf. Auch andere Trendsportgeräte wie z. B. Snowboards, Skateboards und Surfboards lassen sich auf Nutzerinnovationen zurückführen und entstammen nicht den klassischen FuE-Abteilungen großer Sportartikelhersteller (*von Hippel* 2005, S. 95). Dies lässt vermuten, dass besonders innovative Kunden radikale Innovationen hervorbringen können. Gelingt es dem Hersteller solche Kunden in den Open Innovation Prozess zu integrieren, kann dies, wie gesehen, den New-to-Market dramatisch erhöhen.

2.3.2 Vorteile für Kunden/Nutzer

Der Nutzen von Open Innovation für Kunden ergibt sich aus deren Nutzenerwartungen bzw. Motiven. *Motzek* unterscheidet dabei grundlegend zwischen intrinsischen, extrinsischen und sozialen Motiven (2007, S. 45ff.). In seiner explorativen empirischen Studie konnte er zu jeder Nutzenkategorie mehrere Motive zuordnen. Auf eine theoretische Fundierung der Motive soll an dieser Stelle verzichtet werden. Stattdessen wird auf das folgende Kapitel verwiesen.

Als intrinsische Motive identifizierte Motzek den Spaß an der Tätigkeit, die Freiheit in der Tätigkeit lässt, und den Wunsch nach Lernen und intellektuell fordernder Arbeit. Dies lässt sich dadurch begründen, dass eine Innovationsaufgabe dann als positiv und zufriedenheitsstiftend beurteilt wird, wenn sie das Gefühl von Spaß, Exploration und Kreativität vermittelt (*Motzek* 2007, S. 45 ff). Um die Zufriedenheit mit einem Prozess zu erklären, verwenden viele Forscher das sogenannte Flow-Konstrukt, welches sich auf Arbeiten von *Czikszentmihalyi* zurückführen lässt (*Czikszentmihalyi* 1999). Ein Flow tritt nach diesem Konzept dann ein, wenn ein Prozess von den Nutzern als optimal wahrgenommen wird, weil ihre Fähigkeiten mit ihren Anforderungen übereinstimmen (*Reichwald/Piller* 2006, S. 145). Ist dieser Fit gegeben, erreichen Nutzer einen Flow-Zustand, in dem sie sich ganz auf ihre Aufgabe konzentrieren und sich von ihr fesseln lassen. Der Flow-Zustand äußert sich z. B. durch ein Verlust des Zeitgefühls oder einem Vergessen von Sorgen und Nöten (*Huhn* 2004, S. 248 ff.). Des Weiteren sorgt der Flow-Zustand für Selbstvertrauen und Selbstzufriedenheit und kann als ein wesentlicher Treiber für das Ausführen von handwerklichen Tätigkeiten gesehen werden (*Reichwald/Piller* 2006, S. 145).

Als extrinsisch werden Motive bezeichnet, die aus dem Ergebnis einer Tätigkeit resultieren. Im Open Innovation-Bereich zählen hierzu die Bedürfnisbefriedigung der Nutzer durch den Eigengebrauch des neuen Produktes, eine Entschädigung für die Teilnahme am Innovationsprozess und die Möglichkeit einer Karrierechance oder anderer Jobchancen in entsprechenden Unternehmen (*Motzek* 2007, S. 47 ff.). Als soziale Motive gelten unter Innovatoren aus dem Open Innovation-Bereich die soziale Bestätigung, ihre Reputation bei Gleichgesinnten sowie ein Feedback, das sie für ihre Leistungen erhalten möchten (*Motzek* 2007, S. 50ff.). Besonders im Bereich der sozialen Motive haben sich das Internet und andere moderne Kommunikationsmöglichkeiten zu einem der zentralen Treiber entwickelt.

Durch moderne IT können sich Menschen sehr einfach und schnell vernetzen und zu virtuellen Communities zusammenschließen (*Sawhney et al.* 2005, S. 6f.). Sie können Wissen und Erfahrungen teilen, sich bei eventuellen Problemen gegenseitig helfen und sich zudem gegenseitig motivieren. Auch *Piller et al.* stellen fest, dass das soziale Moment solcher Communities die Innovationsbereitschaft der Kunden fördern kann, da sich Kunden häufig gegenseitig unterstützen oder diese Aufgabe sogar gemeinsam ausführen (*Piller* 2006, S. 11). Dass solche sozialen Motive mittlerweile von zentraler Bedeutung sind, zeigen nicht zuletzt die Erfahrungen aus der Open-Source-Software-Entwicklung. Hier bewerten und beobachten sich seit langer Zeit eine unüberschaubare Zahl an Entwicklern gegenseitig und sorgen so für eine Kontrolle der Leistungen bei gleichzeitiger Motivation der Teilnehmer (*Piller* 2006, S. 11). Auch *Kollock* fand heraus, dass die reine Zugehörigkeit zu einer Gruppe an sich und der Wunsch nach Reputation in dieser Gruppe zwei Gründe repräsentieren, warum Menschen verwertbare Informationen in Onlinegruppen einbringen (*Kollock/Smith* 1999, S. 220f.).

Open Innovation kann jedoch nur erfolgreich sein, wenn sich ausgewählte Kunden dazu entschließen, im Open Innovation-Prozess mitzuwirken. Allerdings eignen sich bei weitem nicht alle Kunden, um aktiv in den Innovationsprozess eingebunden zu werden. Vielmehr konzentrieren sich die Bemühungen um eine Gruppe von Kunden mit besonderen Eigenschaften, die bisher als innovative Kunden bezeichnet wurden. Welche Eigenschaften bei den Nutzern notwendig sind, um sie aktiv und für beide Seiten nutzenbringend in den Open Innovation-Prozess einbinden zu können, und welche Faktoren am Ende für eine Entscheidung zur Beteiligung der Kunden am Innovationsprozess entscheidend sind, ist Gegenstand des folgenden Abschnitts.

2.4 Eignung von Kunden zur Beteiligung an Open Innovation

Wie bereits ausgeführt, eignen sich nicht alle Kunden zur Integration in einen Open Innovation-Prozess. Doch welche Faktoren müssen Kunden aufweisen, damit sie in einen Open Innovation-Prozess integriert werden können? Zwei Schlüsselfragen sind hier von besonderer Bedeutung (*Reichwald/Piller* 2006, S. 136):

- Innovationsfähigkeit: Über welche Eigenschaften, Fähigkeiten und welches Können verfügen fortschrittliche Kunden?
- Innovationsbereitschaft: Welche Faktoren sind ausschlaggebend, damit sich fortschrittliche Kunden an Innovationsvorhaben einer Unternehmung beteiligen (Motivation bzw. erwarteter Nutzen aus Kundensicht)?

Diese Unterteilung der Faktoren stammt ursprünglich aus der Motivationsforschung. Hier wurde empirisch bewiesen, dass die Leistung einer Person zugleich von deren Fähigkeiten und deren Motivation beeinflusst wird (*Vroom* 1995, S. 203).

Eine solche Unterteilung nehmen auch *Reichwald* und *Piller* bei ihrem Modell der Determinanten der Kundenbeteiligung an Open Innovation vor. In ihrem Modell ist die grundsätzliche Beteiligung an einem Open Innovation-Prozess vom Gesamtnutzen dieser Beteiligung für den Kunden abhängig. Der Gesamtnutzen ergibt sich hierbei aus einzelnen Nutzen- und Kostenerwartungen. Bei einem positiven Gesamtnutzen entscheidet sich ein Kunde zur Beteiligung an Open Innovation also genau dann, wenn der erwartete Nutzen einer Partizipation die erwarteten Kosten übersteigt. Die Wahrnehmung der einzelnen Nutzen-cund Kostentreiber ist wiederum von den individuellen Eigenschaften des fortschrittlichen Kunden abhängig (*Reichwald/Piller* 2006, S. 136).

Doch dieses allgemeine Modell gibt keine Auskunft darüber, ob, und wenn ja wie, sich die Eigenschaften von innovativen Kunden gegenseitig beeinflussen. Schließlich sind innovative Kunden nicht von Geburt an innovativ gewesen, sie haben sich zu solchen Kunden entwickelt. Welche Eigenschaften einer Person sind also notwendig, um als innovativ zu gelten?

Des Weiteren bleibt offen, wie Eigenschaften und Nutzenerwartungen kausal miteinander verknüpft sind. Eine Trennung der Nutzenkomponenten in extrinsische und intrinsische Faktoren wird zwar angesprochen, jedoch nicht weiter vertieft. Dabei wäre besonders interessant zu wissen, ob Personen mit bestimmten Merkmalen eher intrinsisch oder extrinsisch motiviert sind. Ließe sich von den Eigenschaften auf die Motivationen schließen, wäre das ein guter Ansatzpunkt für Unternehmen, spezielle Anreizsysteme in Open Innovation-Projekte einzugliedern, um so eine Gruppe von Personen mit spezifischen Eigenschaften anzusprechen. Eine empirische Überprüfung des Modells findet ebenfalls nicht statt. Im Folgenden soll daher ein Modell entwickelt werden, was die Eigenschaften innovativer Kunden mit deren Motivationen kausal verknüpfen soll, um daraus eine Beteiligung des Kunden an Open Innovation zu erklären. Die theoretischen Grundlagen hierzu werden im folgenden Kapitel erarbeitet.

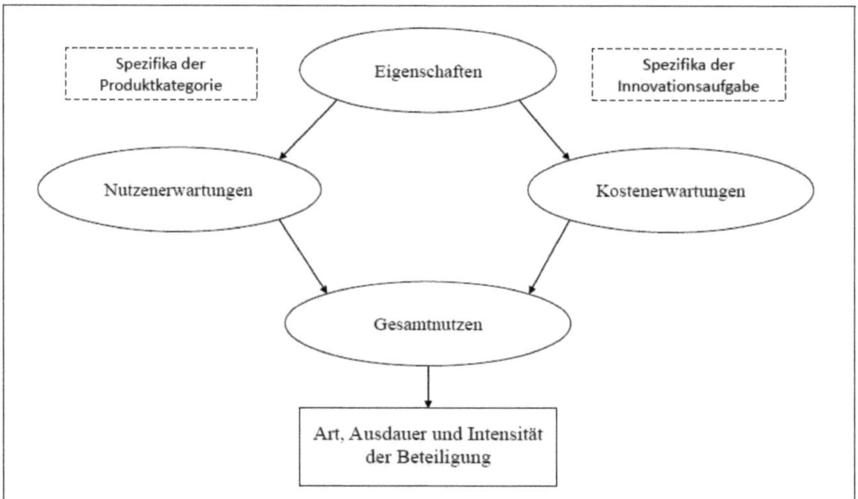

Abbildung 5: Determinanten der Beteiligung an Open Innovation
Eigene Darstellung nach Reichwald/Piller 2006, S .13

3 Konzeptualisierung eines Untersuchungsmodells zur Messung und Erklärung der motivationalen Faktoren von Open Innovation

3.1 Theoretische Ansätze zur Messung und Erklärung der motivationalen Faktoren von Open Innovation

3.1.1 Der Lead-User Ansatz

Wie den Ausführungen des letzten Kapitels zu entnehmen ist, erscheint es für die Marktforschung besonders sinnvoll, nach Kunden zu suchen, die bereits heute Bedürfnisse haben, die in der Zukunft eine große Verbreitung finden. Diese Kunden sind in ihrer Bedarfserkennung dem restlichen Markt bzw. deren Teilnehmern überlegen (*Herstatt* 1991, S. 129). Dass Kunden sich generell in ihrer Fortschrittlichkeit unterscheiden, lässt sich durch die Diffusionsforschung begründen (*Herstatt* 1991, S. 129). Innerhalb der Diffusionsforschung erklären Diffusionsmodelle die Verbreitung von Innovationen in sozialen Systemen (*Schünemann/Bruns* 1985, S. 166). Zentrale Hypothese dieser Modelle ist, dass nicht alle Individuen Innovationen zum gleichen Zeitpunkt akzeptieren, sondern einige Personen dies früher als andere tun (*Rogers* 1995, S. 252). Dieser Vorsprung in der Bedürfniserkennung wird mit hoher Wahrscheinlichkeit aus der Tatsache resultieren, dass sich ein kleiner Verwenderkreis bereits heute in einer Verwendungssituation befindet, die viele andere Kunden mit der Zeit ebenfalls übernehmen werden. Dies führt zu einer frühzeitigen Konfrontation dieser Kunden mit innovationsrelevanten Problemen (*Lüthje* 2000, S. 30). Daher sind solche Kunden in der Lage, Probleme an Produkten zu identifizieren, die ein Großteil der Kunden gar nicht oder erst wesentlich später entdeckt. Dass vor allem Kunden mit einer solchen "real world experience“ in der zukünftigen Nutzung von Produkten und Dienstleistungen zu beachten sind, stellt *von Hippel* bereits in den achtziger Jahren fest. Er nennt solche Kunden mit einem innovativen Nutzertypus Lead-User (*von Hippel* 1988). Zwar werden heute noch einige Synonyme Begriffe wie "Schrittmacherkunden“ oder "front-edge-users“ verwendet; der Begriff des Lead-Users hat sich jedoch allgemein durchgesetzt. Unter der Lead-User-Forschung werden heute Untersuchungen subsumiert, die sich mit der Generierung innovativer Konzepte durch besondere Kunden beschäftigen.

Nach *von Hippel* besitzen Lead-User vor allem zwei besondere Merkmale: (a) "Lead Users face needs that will be general in a marketplace - but face them month or years before the bulk of that marketplace encounters them" und (b) "Lead Users are positioned to benefit significantly by obtaining a solution to those needs" (*von Hippel* 1986, S. 796). Bezüglich ihrer Anforderungen an ein Produkt besitzen Lead-User also Bedürfnisse, die sich mit dem bestehenden Marktangebot nicht befriedigen lassen. So treten bei Lead-Usern bestimmte Produktbedürfnisse auf, die für die breite Masse der Verwender erst Monate oder Jahre später Relevanz besitzen (*von Hippel* 1986, S. 796). Lead-User kann man also als (potenzielle) Kunden sehen, die nicht für den heutigen, sondern für den zukünftigen Markt repräsentativ sind (*Herstatt* 1991, S. 129). Sie verfügen also schon heute über zukünftige Bedürfnisinformationen und sind somit für die Teilnahme an einem Innovationsprojekt im Rahmen von Open Innovation geeignet, da sie die zuvor geforderte Prognosefunktion für zukünftige Bedürfnisse erfüllen. Die zweite Eigenschaft folgt direkt aus der ersten und besagt, dass Lead-User stark von einer Innovation profitieren (*von Hippel* 1986, S. 796). Ihre fortschrittlichen Bedürfnisse können durch das neue Marktangebot befriedigt werden (*Urban/Hauser* 1993, S. 138). Deshalb sind sie motiviert, eigene, innovative Ideen zu entwickeln und diese voranzutreiben (Springer et al. 2004, S. 4.). Sie besitzen Fähigkeiten, die es ihnen ermöglichen, eigenständig funktionsfähige Lösungen für ihre Bedürfnisse zu entwickeln. So verfügen Lead-User neben den Bedürfnis- auch über explizite Lösungsinformationen (*Reichwald/Piller* 2006, S. 126).

Der Lead-User-Ansatz kommt zwar ursprünglich aus dem Investitionsgüterbereich, jedoch lassen sich auch im Konsumgüterbereich Lead-User identifizieren (*Lüthje* 2000, S. 31). Die zwei bisher verwendeten Kriterien zur Identifikation von Lead-Usern in Konsumgütermärkten sind nach Auffassung einiger Experten allerdings nicht ausreichend. Dies liegt vor allem daran, dass in Investitionsgütermärkten die Hersteller lediglich mit einer kleinen Abnehmerzahl konfrontiert sind (*Kotler/Bliemel* 2001, S. 294). Aufgrund dieser kleinen Nachfragerzahl und dem meist direkten Vertrieb kann ein persönlicher Kontakt zu relevanten Kunden aufgenommen werden (*Wittmann et al.* 1993, S. 1941). Unter diesen Umständen können die beiden Kriterien *von Hippels* ausreichend sein, um Lead-User zu identifizieren. In Konsumgütermärkten findet jedoch in der Regel ein indirekter Vertrieb mit einem dazwischen geschalteten Handel statt. Auch die große Masse von Endverbrauchern ist typisch für Konsumgütermärkte (*Meffert* 1993, S. 2244). Die Kundenauswahl kann somit nicht mehr über persönliche Gespräche erfolgen, sondern wird meistens über standardisierte Befragungen durchgeführt werden, da sich so eine wesentlich größere Anzahl Kunden "überprüfen“ lässt. Daher erscheint es sinnvoll, in

Konsumgütermärkten mehr als zwei Kundenmerkmale abzufragen, die nachweislich zu einer erhöhten Kundenmotivation bzw. -qualifikation beitragen (*Lüthje* 2000, S. 32).

3.1.2 Modell zur Auswahl fortschrittlicher Kunden

Ein erstes, empirisch getestetes Strukturierungsmodell von innovationsrelevanten Kundenmerkmalen im Konsumgüterbereich stammt von *Lüthje* (2000). Er erweitert das Lead-User-Konzept auf Konsumgütermärkte und führt für diesen Bereich den Begriff des "fortschrittlichen Kunden“ ein. Dieser fortschrittliche Kunde unterscheidet sich von Nicht-Innvolvierten durch sechs Merkmale (*Lüthje* 2000, S. 26 ff.). Er verfügt über:

- neue Bedürfnisse
- eine latente Unzufriedenheit
- Verwendungswissen
- Objektwissen
- intrinsische Motivation
- extrinsische Motivation

Diese Merkmale werden dabei so angeordnet, dass sie eine hypothetische Abfolge kognitiver Prozesse eines fortschrittlichen Kunden darstellen. Der Prozess beginnt mit dem Verspüren neuer Bedürfnisse beim Kunden, die mit aktuellen Marktangeboten noch nicht befriedigt werden können. Dieser Spannungszustand löst beim Kunden Unzufriedenheit aus. Um diese zu beseitigen und seine Unzufriedenheit in Anforderungen umsetzen zu können, benötigt der Kunde Verwendungs- sowie Objektwissen (*Lüthje* 2000, S. 26). Durch einen vermehrten Umgang mit dem betreffenden Produkt wird mit höherer Wahrscheinlichkeit erkannt, was konkret am Produkt verändert werden muss. Durch ein gewisses Maß an Objektwissen können diese spezifischen Anforderungen in die Sprache der Entwickler übersetzt werden.

Damit es zur Eigenentwicklung einer Idee oder eines Konzeptes kommt, muss der Kunde eine hohe Motivation hierzu besitzen. *Lüthje* unterscheidet im Gegensatz zu *Reichwald* und *Piller* zwischen intrinsischer und extrinsischer Motivation. Das Modell lässt sich graphisch wie folgt darstellen:

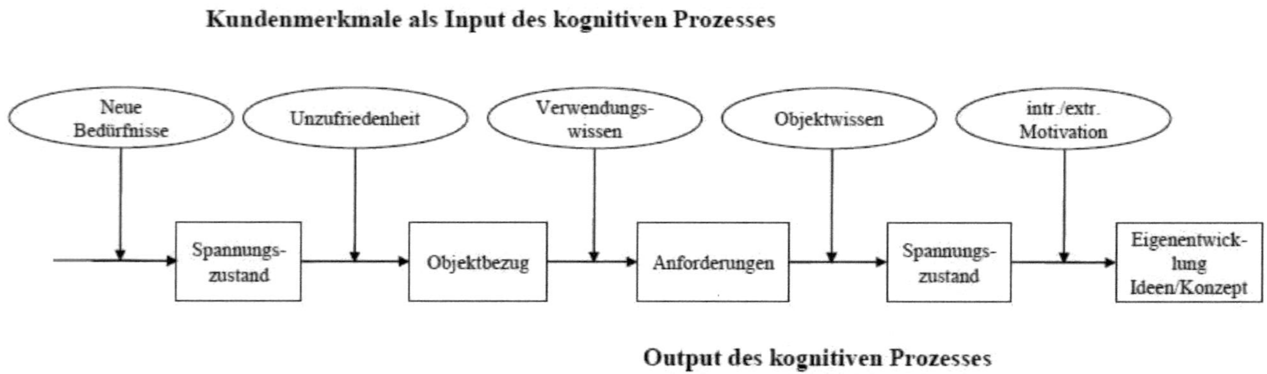

Abbildung 6: Strukturierungsmodell für Kundenmerkmale
Quelle: eigene Darstellung nach Lüthje (2000), S. 26

Dieses Modell wurde von *Lüthje* per Fragebogen überprüft, wobei fast alle Determinanten einen zumindest mittelstarken Einfluss auf die Innovationsaktivität von Kunden besitzen (*Lüthje* 2000, S. 26). Lediglich die intrinsische und extrinsische Motivation vermitteln einen sehr kleinen und zudem erwartungskonträren Zusammenhang. Diese Werte widersprechen jedoch theoretischen und logischen Überlegungen und werden daher auf die Operationalisierung der Konstrukte zurückgeführt, da beide Konstrukte lediglich über ein Item operationalisiert wurden. Auch die Kausalkette des Modells ist nach Meinung des Autors zu überprüfen. Dass eine Unzufriedenheit durch eine vermehrte Verwendung des Produktes zu Verwendungswissen führt, erscheint fraglich. Wenn ein Kunde mit einem Produkt nicht zufrieden ist, wird er aus diesem Grund das Produkt kaum häufiger benutzen. Eher ließe sich ein Rückgang der Verwendungshäufigkeit aufgrund der Unzufriedenheit vermuten. Im Folgenden soll deshalb ein Untersuchungsmodell entwickelt werden, das auf den beschriebenen Modellen von *Reichwald/Piller* und *Lüthje* aufbaut und die Eigenschaften und Motivationen sowie deren Einfluss auf die Beteiligung von fortschrittlichen Kunden an Open Innovation-Prozessen erklären soll. Besonderes Augenmerk gilt der Frage, ob und wie sich Eigenschaften und Motivationen von fortschrittlichen Kunden erklären lassen und vielleicht sogar gegenseitig beeinflussen. Da die Motivation hier eine entscheidende Rolle spielt, soll im Folgenden theoriegeleitet analysiert werden, wie Motivation entsteht, welche Wirkungen von Motivation ausgehen und wie sich Motivation erkennen und erfassen lässt.

3.1.3 Der einfache Motivationsprozess

Menschliches Verhalten lässt sich in seiner Art, Ausdauer und Intensität durch Motivation erklären und begründen (*Rheinberg* 2004, S. 13). Motivation entsteht nach *Rosenstiel* dann, wenn in konkreten Situationen durch wahrgenommene Anreize verschiedene Motive aktiviert werden, die in ihrer Struktur und Stärke des Zusammenwirkens zu einem bestimmten Verhalten führen (*von Rosentiel* 1980, zitiert nach *Reichwald et al.* 2004, S. 8). Dabei werden in der Literatur die Begriffe Motivation, Motiv und Bedürfnis oft synonym verwendet, weshalb zunächst deren Bedeutung geklärt werden soll. Bedürfnisse sind psychologische Ungleichgewichte (wie Hunger oder Durst) und bezeichnen ein allgemeines, noch ungerichtetes Mangelempfinden. Bedürfnisse stellen personeninterne Reize dar, die einen Mensch in allgemeine Handlungsbereitschaft versetzen. Rang- und prozessmäßig sind sie den Motiven vorgelagert (*Staehle* 1999, S. 166).

Ein Motiv hingegen ist ein positiv bewerteter und potenziell angestrebter Zielzustand, zu dem eine entsprechende Verhaltensbereitschaft besteht (*Berthel/Becker* 2000, S. 17). Die Aktivierung von Motiven erfolgt in bestimmten Situationen durch Anreize. Unterscheiden lassen sich intrinsische und extrinsische Motive. Intrinsische Motive werden durch die Tätigkeit selbst befriedigt, also z. B. durch Freude an der Tätigkeit, wie sie bei Hobbys zu finden ist. Extrinsische Motive werden hingegen durch die Folgen der Tätigkeit und ihrer Begleitumstände befriedigt, wie z. B. durch Bezahlungen oder andere Belohnungen. Diese Anreize werden jedoch nur dann verhaltenswirksam, wenn sie auch als solche wahrgenommen und kognitiv verarbeitet werden (*Staehle* 1999, S. 166). Die dargestellten Zusammenhänge veranschaulicht folgende Graphik:

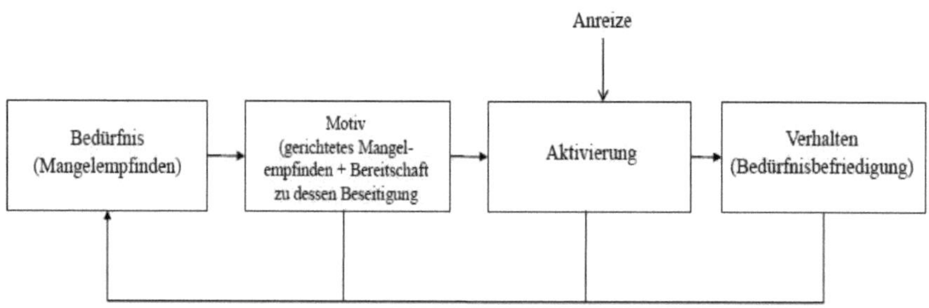

Abbildung 7: Der einfache Motivationsprozess
Quelle: eigene Darstellung nach Staehle (1999), S. 167

Als nächstes stellt sich nun erstens die Fragen, welche Bedürfnisse im Menschen ein bestimmtes Verhalten erzeugen bzw. hervorrufen. Diese Frage versuchen die Inhaltstheorien der Motivation zu beantworten. Zweitens gilt es zu klären, wie ein bestimmtes Verhalten hervorgebracht, gelenkt, beibehalten oder abgebrochen wird. Auf diese Frage versuchen die Prozesstheorien der Motivation eine Antwort zu liefern.

3.1.4 Maslows Bedürfnispyramide

Das wohl bekannteste Modell der Inhaltstheorien, vielleicht sogar aller Motivationstheorien, stellt die Bedürfnispyramide von *Maslow* (1970) dar. Sein Modell sieht eine Hierarchisierung von Bedürfnissen in fünf Hauptklassen vor. Die Ebenen sind nach ihrer relativen Dringlichkeit für den Menschen gestuft, wobei die nächst höhere Bedürfnisebene erst aktiviert wird, wenn die Bedürfnisse der darunter liegenden Klassen als weitgehend befriedigt angesehen werden kann (*Staehle* 1999, S. 170).

Nach *Maslow* ist der Mensch ein „wanting animal" (*Maslow* 1970, S. 24). Befriedigte Bedürfnisse dienen ihm nicht mehr als Motivation für ein bestimmtes Verhalten. Unbefriedigte Bedürfnisse hingegen erzeugen einen inneren Spannungszustand, den es durch Bedürfnisbefriedigung abzubauen gilt. Ansonsten droht Unzufriedenheit und darauf folgend eine Absenkung des Anspruchsniveaus, was einer Resignation gleichkommt. Unzufriedenheit kann jedoch auch ein Streben nach Verbesserung der Verhältnisse auslösen und damit positive, motivierende Funktion besitzen (*Maslow* 1970, S. 24).

Maslows Pyramide ist ein Beispiel für behavioristische Ansätze der Motivation, in denen der Mensch passiv und triebgesteuert auf Umweltreize reagiert, und Verhalten vergangenheitsorientiert durch Stimulus-Response-Verknüpfungen erklärt wird. Kognitive Ansätze hingegen verstehen den Menschen, wie in der mikroökonomischen Theorie, als rational entscheidendes und nutzen maximierendes Wesen. Die Erwartungswerttheorien als Teil dieser kognitiven Ansätze der Motivation integrieren die heute dominierende Zukunftsperspektive des Verhaltens in die Theorie (*Staehle* 1999, S. 230f.). Dies geschieht durch zwei Grundannahmen. Der "Weg-Ziel-Gedanke" zum einen besagt, dass Menschen diejenige Alternative bzw. den Weg wählen, der zu einem als erstrebenswert erachteten Ziel führt. Zweitens besagt die "Idee der Gratifikation", dass menschliches Verhalten durch Belohnung oder Bestrafung (Gratifikation) bewertet wird, und ein Individuum sein Verhalten bzw. seine Leistungsbereitschaft nach diesen Erwartungen gegenüber der Gratifikation ausrichtet.

3.1.5 Die Valenz-Erwartungs-Theorie

Die Valenz-Erwartungs-Theorie von *Vroom* (1964) zählt zu den wichtigsten Modellen der Arbeitsmotivation und kann als Grundmodell aller neueren Prozesstheorien der Motivation angesehen werden (*Greif* 1983, S. 228ff.). Der synonym verwendete Begriff VIE-Modell nimmt Bezug auf die drei Teilkonzepte des Modells, das Valenz-, das Instrumentalitäts- und das Erwartungskonzept. Nach *Vroom* ist Motivation das Produkt von Erwartungen und Werten, oder genauer das Produkt von Valenz, Instrumentalität und Erwartung eines Ergebnisses

(*Vroom* 1995, S. 6f.). Valenz (Wertigkeit) beschreibt dabei die Bedeutung eines Handlungsergebnisses, also das Ausmaß der Attraktivität eines Ergebnisses für ein Individuum. Die Ergebnisse werden hierbei in zwei Ebenen unterteilt: Ergebnisse der ersten Ebene sind z. B. Belohnungen für ein bestimmtes Verhalten, die als Anreize wirken. Ergebnisse der 2. Ebene hingegen sind Bedürfnisse oder Ziele eines Individuums. Das Konzept der Instrumentalität bezieht sich auf den Zusammenhang dieser Ergebnisse und steht für die Erwartung, dass das Ergebnis 1 einer bestimmten Handlung auch zur Erreichung des Ergebnisses 2 führt. Dabei wird der Tatsache Rechnung getragen, dass Ergebnisse der 1. Ebene kein Selbstzweck sind. Sie beziehen ihren Nutzen durch die Eigenschaft, die Ergebnisse der 2. Ebene zu befriedigen. Die Wertigkeit des Ergebnisses 1 ist also abhängig von der Wertigkeit des Ergebnisses 2 und der wahrgenommenen Instrumentalität zwischen 1 und 2 (*Staehle* 1999, S. 231f.).

Auch die Erwartungen in diesem Modell lassen sich in zwei Ebenen unterteilen. Zum einen wird die subjektive Wahrscheinlichkeit gemessen, dass eine bestimmte Anstrengung auch zu einem bestimmten Aufgabenziel führt (Handlungs-Ergebnis-Erwartung) und zum zweiten, ob mit dem Erreichen des Aufgabenziels auch die erwartete Belohnung tatsächlich erzielt wird (Ergebnis-Folge-Erwartung) (*Staehle* 1999, S. 232ff.). Empirische Untersuchungen haben bewiesen, dass erstere überwiegend durch Persönlichkeitsmerkmale des Individuums beeinflusst werden, die zweite Ebene dagegen überwiegend durch externe Faktoren (*Sims et al.* 1976, S. 548ff.). Zu den Persönlichkeitsfaktoren gehört das vom Individuum selbst wahrgenommene individuelle Leitungspotenzial, also seine Fähigkeiten in Bezug auf die zu lösende Aufgabe (*Lawler* 1977, S. 20-22). Das Modell berücksichtigt allerdings nicht, dass eine Handlung an sich schon einen Wert für eine Person haben kann. Eine heute übliche Differenzierung in intrinsische und extrinsische Motivation bleibt bei *Vrooms* Ansatz außen vor (*Huber et al.* 2008, S. 12.). Im Vorwort zu späteren Auflagen seines Buches schreibt *Vroom* selbst: "If I were reformulate VIE today, I would allow more room for what Deci and Ryan call intrinsic motivation in work performance“ (*Vroom* 1995, zitiert nach *Huber et al.* 2008, S. 13).

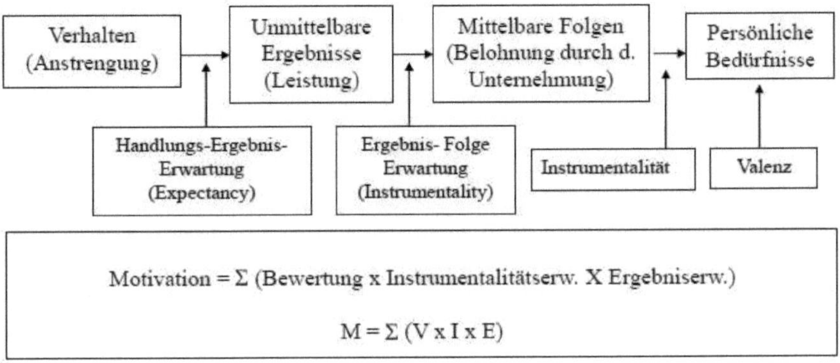

Abbildung 8: Das VIE-Modell nach Vroom
Quelle: eigene Darstellung nach Holtbrügge (2005), S. 19

3.1.6 Das Elaboration Likelihood Modell

Das Elaboration Likelihood Modell wurde 1981 von *Pretty* und *Cacioppo* vorgestellt und gehört bis heute zu den anerkanntesten Modellen im Bereich der Werbewirkungsforschung (*Frey/Stahlberg* 1993, S. 327ff.). Es beschäftigt sich mit der Einstellungsänderung von Personen durch Überzeugungsversuche (Persuasion) und die dafür notwendigen Informationsverarbeitungsprozesse im menschlichen Gehirn. Im Kern geht das Modell davon aus, dass es zwei unterschiedliche Routen der Informationsverarbeitung gibt: die zentrale sowie die periphere Route. Auf der zentralen Route findet eine tiefe und intensive Auseinandersetzung mit den dargebotenen Informationen statt. Der Rezipient prüft die enthaltenen Argumente, vergleicht sie mit bereits bekannten, zieht Schlussfolgerungen und kommt so zu einem differenzierten Bild der Sachlage. Am Ende dieses Prozesses kann eine Einstellungsänderung stehen, die jedoch nicht zwingend erfolgen muss. Auf der peripheren Route findet keine tiefe Auseinandersetzung mit der Information statt, es werden lediglich äußere Reize ohne Bezug zum Thema ausgewertet. Entscheidend für die Wahl der Route sind die Motivation bzw. die Fähigkeiten des Rezipienten, sich mit der Information auseinanderzusetzen (*Frey/Stahlberg* 1993, S.327ff.).

Die Motivation wird hauptsächlich vom Involvement bestimmt, also der subjektiv wahrgenommenen, persönlichen Relevanz des Themas (Hößl 2008). Involvement wird häufig mit

Ich-Beteiligung übersetzt und kann wie folgt definiert werden: Involvement beschreibt den Grad der langfristigen persönlichen Relevanz eines Stimulus sowie den Grad der kurzfristigen Aktivierung des Rezipienten durch relevante stimulus-gerichtete Reize bei Informationssuche, -aufnahme, -verarbeitung und -speicherung (*Trommsdorff* 1993, S. 41). Ist das Involvement einer Person gering, werden tendenziell weniger Informationen aufgenommen, während Personen mit hohem Involvement bestrebt sind, alle verfügbaren Informationen zu sammeln (Meffert 1998, S. 109). *Krugman* nimmt weiterführend an, dass auch die Intensität der Informationsverarbeitung vom Grad des Involvement abhängt (*Krugman* 1965, S. 349ff.). *Batra* und *Ray* sind ebenfalls der Meinung, dass Umfang und Intensität der Informationsverarbeitung maßgeblich vom Grad des Involvement beeinflusst werden (*Batra/Ray* 1983, S. 309f.). Neben der Motivation bedarf es aber noch der Fähigkeit, sich intensiv mit einem Thema zu befassen. Besondere Bedeutung kommt hier dem Vorwissen zum Thema zu, auf das die Person aktiv zugreifen sollte (Hößl 2008).

3.2 Formulierung von Hypothesen zum Open Innovation-Prozess

3.2.1 Wirkung der Innovationsfähigkeit zur Beteiligung am Open Innovation-Prozess

Die Entscheidung, sich an Open Innovation zu beteiligen, steht für einen fortschrittlichen Kunden nicht von Anfang an fest, sondern stellt vielmehr einen Prozess dar, an dessen Ende die Entscheidung zur Beteiligung stehen kann oder auch nicht (*Reichwald/Piller* 2006, S. 40f.). Innerhalb dieses Entscheidungsprozesses müssen vom Kunden Erwartungen über Nutzen und Kosten einer Beteiligung am Innovationsprozess gebildet und verglichen werden, damit eine Beteiligungsentscheidung getroffen werden kann (*Reichwald/Piller* 2006, S. 45). Wie eine solche Entscheidung letztendlich zustande kommt, ist Gegenstand der Entscheidungsforschung. Der angelsächsischen Tradition folgend, kann Entscheidungsverhalten grundlegend danach unterschieden werden, in welchem Ausmaß es kognitiv kontrolliert wird (*Kroeber-Riel/Weinberg* 2003, S. 369), d. h. mit stärkerer kognitiver Kontrolle (z. B. extensive und limitierte Kaufentscheidungen) oder Entscheidungen mit schwächerer kognitiver Kontrolle (z. B. habitualisierte und impulsive Kaufentscheidungen). Eine Beteiligungsentscheidung kann deswegen als extensiv bezeichnet werden, da es sich für den Kunden um eine neuartige und komplexe Entscheidung handelt (*Kroeber-Riel/Weinberg* 2003, S. 382). Durch die Entscheidung können des Weiteren sowohl Nutzen als auch Kosten für den Kunden entstehen, weshalb die Entscheidung mit hoher persönlicher Bedeutung und einem gewissen Risiko behaftet ist (*Weinberg* 1981, S. 49ff.). Charakteristisch für extensive Entscheidungsprozesse sind der hohe Informationsbedarf und eine lange Entscheidungsdauer. Es handelt sich also um einen Prozess, bei dem die Informationsaufnahme sowie die Informationsverarbeitung und -speicherung eine zentrale Rolle spielen (*Kroeber-Riel/Weinberg* 2003, S. 382). Wie ausgeprägt diese einzelnen Informationsphasen durchlaufen werden, ist maßgeblich vom Involvement abhängig, wie in den Ausführungen zum Elaboration-Likelihood-Modell von *Petty* und *Cacioppo* (1981) deutlich wird. Im Mittelpunkt des Ansatzes steht die Einstellungsänderung von Personen durch Überzeugungsversuche (Persuasion) und die dafür notwendigen Informationsverarbeitungsprozesse im menschlichen Gehirn. *Petty* und *Cacioppo* gehen davon aus, dass es zwei unterschiedliche Routen der Informationsverarbeitung gibt: die zentrale sowie die periphere Route. Wie oben bereits erläutert sind für die Wahl der Route die Motivation bzw. die Fähigkeiten des Rezipienten entscheidend, sich mit der Information auseinanderzusetzen (*Petty/Cacioppo* 1986). Die Motivation wird hauptsächlich vom Involvement bestimmt, also der subjektiv wahrgenommenen, persönlichen Relevanz des Themas (*Deimel* 1989, S. 153ff.).

Ein weiteres Indiz für die Bedeutung des Involvement bezüglich der Wissensbildung ist das Konzept des Low-Involvement Lernens von *Krugman*. Beim Lernen mit niedrigem Involvement ist die Verarbeitungstiefe der Informationen gering; zur Speicherung müssen Informationen häufiger wiederholt werden, wobei insgesamt weniger Informationen verarbeitet und gespeichert werden (*Krugman* 1969, S. 349 ff.; *Batra/Ray* 1983, S. 309f.). Eine logische Konsequenz ist daher der Bezug zwischen Wissen (Verwendungs- und Objektwissen) und dem Involvement. Hierbei lassen sich unter dem Begriff „Verwendungswissen" Erfahrungen subsumieren, die Kunden beim Ge- oder Verbrauch eines Produktes bzw. einer Dienstleistung machen (*Förster/Kreuz* 2008). Das Objektwissen hingegen umfasst Kenntnisse, die nicht in unmittelbarem Zusammenhang mit der Anwendung eines Produktes stehen, bspw. die Kenntnis des physischen Aufbaus eines Produktes sowie der Funktions- und Materialstruktur (*Lüthje* 2000, S. 38). Besitzt ein Kunde nun ein hohes Produktinvolvement bezüglich eines Produktes, so wird er dieses Produkt häufiger, intensiver und bewusster verwenden als ein Kunde mit niedrigem Produktinvolvement. Er sammelt aufgrund seiner erhöhten Verwendung und stärkeren Aktivierung mehr Wissen in Bezug auf die Verwendung und den generellen Aufbau des Produktes. Aus diesen Überlegungen der theoretischen Abhandlung über extensive Entscheidungen und den Herleitungen zum Elaboration-Likelihood-Modell kann folgende Hypothese zusammengefasst werden:

H1: Je höher das Produktinvolvement eines Kunden in Bezug auf ein bestimmtes Produkt, umso höher ist sein Verwendungs- und Objektwissen bezüglich dieses Produktes.

Aus dem Elaboration-Likelihood-Modell lässt sich ferner ableiten, dass Involvement nicht nur für die Wissensbildung entscheidend ist, sondern auch die Motivation maßgeblich bestimmt. In vielen psychologischen Theorien herrscht Übereinstimmung darüber, das Motivation einerseits eine aktivierende Komponente und andererseits eine kognitive Komponente zielgerichteter Verhaltenslenkung umfasst (*Kroeber-Riel/Weinberg* 2003, S. 142; *Brehm et al.* 2008, S. 1069). Das Involvement kann diese aktivierende Komponente darstellen. Doch auch die Komponente der zielgerichteten Verhaltenslenkung wird vom Involvement beeinflusst, da dieser Prozess die Wahrnehmung der Handlungssituation sowie das Überlegen von Ziel-Mittel-Beziehungen umfasst. Hierfür sind wiederum umfangreiche Informationsverarbeitungsprozesse nötig, die in Ausmaß und Effektivität vom Involvement abhängen (*Foscht/Swoboda* 2005, S. 122ff.). Auf den Innovationskontext lassen sich die Erkenntnisse zur Involvementforschung wie folgt übertragen: Interessiert sich ein Kunde besonders für innovative und fortschrittliche Produkte, ist es wahrscheinlich, dass beim Kunden auch eine Motivation zu dessen Verwendung besteht. Dies kann z. B. durch den hohen antizipierten Nutzen des neuen Produktes als extrinsisches Motiv oder auch durch die bloße Freude der Nutzung des Produktes an sich begründet sein (*Motzek* 2007, S. 45ff.). Theoretische sowie logische Überlegungen führen so zu folgenden Hypothesen:

H9: Je höher das Produktinvolvement, umso höher die extrinsische Motivation.

H10: Je höher das Produktinvolvement, umso höher die intrinsische Motivation.

Verfügt ein Kunde nun über ein hohes Maß an Verwendungs- und Objektwissen kann dies zu Unzufriedenheit mit den bestehenden Produkten führen. Zufriedenheit bzw. Unzufriedenheit wird von *Kaas* und *Runow* als "Ergebnis eines psychischen Soll-Ist-Vergleichs von Konsumerlebnissen“ beschrieben (1984, S. 452). Unzufriedenheit entsteht somit, wenn die tatsächliche Leistung eines Produktes nicht der idealen bzw. erwarteten Leistung entspricht. Dies kann zwei Gründe haben: erstens kann das Anspruchsniveau an das Produkt zu hoch sein, zweitens kann die tatsächliche Leistung des Produktes zu gering sein. Beide Werte beruhen allerdings auf persönlicher Wahrnehmung. Verfügt ein Kunde über ein hohes Verwendungs- und Objektwissen, weiß er die tatsächliche Leistung eines Produktes aufgrund seiner Erfahrung und der Objektkenntnis sehr genau zu beurteilen. Des Weiteren ist zu erwarten, dass Kunden mit einem hohen Wissen zu einem Produkt bzw. einer Produktkategorie auch besonders hohe Anforderungen an ein Produkt haben. Ihr Anspruchsniveau ist also im Vergleich zu Kunden mit einem geringeren Wissenstand wesentlich höher. Dies lässt sich durch die Anpassung des Anspruchsniveaus begründen. Mit Erreichung eines selbst gesetzten Zielniveaus ist ein Erfolgserlebnis verbunden, was i. d. R. zu einer Erhöhung des zukünftigen Anspruchsniveaus führt (*Staehle* 1999, S. 434). Bei häufiger Verwendung eines Produktes wird dieser Prozess mehrfach durchlaufen, neue Nutzungsmöglichkeiten werden erschlossen und das Anspruchsniveau steigt, bis diese selbst gesetzte Messlatte von den angebotenen Produkten nicht mehr erreicht werden kann. In diesem Fall entsteht durch die Diskrepanz von Soll- und Ist-Zustand Unzufriedenheit. Diese Überlegungen führen zu der folgenden Hypothese:

H2: Je höher das Verwendungs- und Objektwissen, umso höher ist die Unzufriedenheit mit dem bestehenden Produktangebot.

Wenn sich innovative Kunden ihres hohen Verwendungs- und Objektwissens bewusst sind, kann dies eine motivierende Funktion haben, da vermutlich das Bedürfnis entsteht, diese Kompetenz zu nutzen (*Lüthje* 2000, S. 41). Da ein Innovationsprozess einen Problemlösungsprozess darstellt, und das Verwendungs- und Objektwissen bei diesem Prozess eingesetzt werden kann, besitzen Kunden mit diesem Wissen Problemlösekompetenz. Der Vermutung nach wollen Kunden, die solche Kompetenzen besitzen, diese auch sinnvoll einsetzen. Damit hat die Problemlösekompetenz eine aktivierende und motivierende Funktion. Dies lässt sich unter anderem mit der Bedürfnispyramide von *Maslow* begründen. An der Spitze seiner Bedürfnishierarchie steht die Selbstverwirklichung, die Humanisten für ein angeborenes Bedürfnis halten, und die durch Umweltfaktoren unterstützt werden kann (*Weiner et al.* 1994, S. 325). Diese Selbstverwirklichung kann als Selbsterfüllung in der Realisierung der eigenen Möglichkeiten und Fähigkeiten sowie als das Bedürfnis zu Einsicht und Verstehen beschrieben werden (*Heckhausen* 1989, S. 70; *Maslow* 1970, S. 91f.). In einer modernen Industriegesellschaft können die unteren Bedürfnisklassen als weitestgehend befriedigt angesehen werden, weshalb das Bedürfnis nach Selbstverwirklichung immer wichtiger wird. Der gestiegene Freizeitumfang einerseits und die zunehmende Sinnentleerung und einseitige geistige Beanspruchungen bei der Arbeit andererseits haben zu höheren Ansprüchen an Freizeitaktivitäten geführt (*Deusinger/Deusinger* 1981, S. 576). Dabei steht die Suche nach sinnvollen, abwechslungsreichen, fordernden und erfüllenden Tätigkeiten im Vordergrund. Es wird vermutet, dass ein kooperativer Innovationsprozess genau solch eine Tätigkeit darstellt, soweit beim Kunden entsprechende Fähigkeiten zur Ausübung dieser Tätigkeit vorhanden sind. Der Nutzen für den Kunden kann dabei in der Tätigkeit selbst begründet sein, da es ihm generell Freude bereitet, sein Wissen einzusetzen und mit anderen zu teilen. Aber auch das Ergebnis der Tätigkeit kann Auslöser der Motivation sein, z. B. dann, wenn ein Produkt innoviert werden soll, von dem sich der Kunde einen hohen Produktnutzen verspricht. Diese Überlegungen führen zu folgenden Annahmen:

H7: Je höher das Verwendungs- und Objektwissen, umso höher ist die extrinsische Motivation.

H8: Je höher das Verwendungs- und Objektwissen, umso höher ist die intrinsische Motivation.

Nach den obigen Überlegungen erscheint es für die Marktforschung besonders sinnvoll, nach Kunden zu suchen, die bereits heute über zukünftig weit verbreitete Bedürfnisse verfügen und somit eine gewisse Prognosefunktion erfüllen. Diese Kunden sind in ihrer Bedarfserkennung dem restlichen Markt bzw. deren Teilnehmern überlegen (*Herstatt* 1991, S. 129). Dass Kunden sich generell in ihrer Fortschrittlichkeit unterscheiden, zeigen die Erkenntnisse der Diffusionsforschung (*Schünemann/Bruns* 1985, S. 166). Zentrale Hypothese der diffusionstheoretischen Modelle ist die Annahme, dass nicht alle Individuen Innovationen zum gleichen Zeitpunkt akzeptieren, sondern einige Personen dies früher als andere tun (*Rogers* 1995, S. 252; *Lüthje* 2000, S. 30). Daher sind solche Kunden in der Lage, Probleme an Produkten zu identifizieren, die ein Großteil der Kunden gar nicht oder erst wesentlich später entdeckt. Dass vor allem Kunden mit einer solchen "real world experience“ in der zukünftigen Nutzung von Produkten und Dienstleistungen zu beachten sind, stellt *von Hippel* bereits in den achtziger Jahren fest. Er nennt solche Kunden mit einem innovativen Nutzertypus Lead-User (*von Hippel* 1988, S. 796). Dabei verspüren Lead-User neue Bedürfnisse, die durch aktuelle Marktangebote noch nicht befriedigt werden können. Es wird jedoch häufig bezweifelt, dass Endverbraucher in der Lage sind, neue Bedürfnisse präzise zu spezifizieren (*Kleinschmidt et al.* 1996, S. 135).

Um neue Bedürfnisse erkennen und nuancieren zu können, benötigen Kunden ein Mindestmaß an Verwendungs- und Objektwissen. Durch ein hohes Verwendungswissen wird sichergestellt, dass der Kunde nach dem Kauf in der Lage ist, den vollen Nutzen des Produktes zu erschließen. Damit wird vermieden, dass unbefriedigte Bedürfnisse durch eine Fehlanwendung des Produktes entstehen, obwohl das Produkt normalerweise zur Befriedigung dieses Bedürfnisses in der Lage ist. Doch auch wenn alle Nutzenelemente des Produktes erschlossen sind, können unbefriedigte Bedürfnisse zurückbleiben. Verantwortlich hierfür kann der bereits diskutierte Zusammenhang zwischen dem Verwendungswissen einer Person und einer Anhebung seines Anspruchsniveaus an ein Produkt sein. Damit die unbefriedigten Bedürfnisse jedoch die Eigenschaft der Neuartigkeit besitzen, dürfen sie auch von keinem anderen Produkt auf dem Markt erfüllt werden. Um die Neuartigkeit zu prüfen, ist Objektwissen nötig, da dieses den Kunden befähigt, Angebote unterschiedlicher Hersteller auf dem Markt hinsichtlich der Funktionsstruktur zu bewerten. Der Kunde kann somit beurteilen, ob diese Produkte zur Befriedigung seiner Bedürfnisse geeignet sind oder nicht. Das Verwendungs- und Objektwissen hilft also dem Kunden, beurteilen zu können, welche seiner Bedürfnisse von welchen Produkteigenschaften befriedigt werden bzw. lässt es ihn Anforderungen an ein Produkt erkennen, die von keinem am Markt angebotenen Produkt erfüllt werden. Hieraus leitet sich folgende Hypothese ab:

H3: Je ausgeprägter das Verwendungs- und Objektwissen eines Kunden, umso höher sind seine Anforderungen an ein Produkt.

Wie bereits aufgeführt, entsteht Unzufriedenheit, wenn der Kunde bei der Nutzung eines Gutes eine negative Diskrepanz zwischen seinen Leistungserwartungen und seiner Leistungswahrnehmung feststellt (*Bruhn* 1982, S. 138). Ein enttäuschter Kunde wird nach den Gründen seiner Unzufriedenheit suchen und versuchen, diese zu beseitigen. Findet er diejenigen Produktattribute, die für seine Unzufriedenheit verantwortlich sind, wird er versuchen, diese beim nächsten Mal zu umgehen, und wird andere Attribute suchen, die zu mehr Zufriedenheit führen. Diese Unzufriedenheit löst mitunter ein Streben nach Verbesserung aus und lässt dem

Kunden seine Bedürfnisse am zukünftigen Produkt anpassen. Befriedigt kein anderes Produkt sein spezielles Bedürfnis, handelt es sich um ein neues Bedürfnis. Aus der Unzufriedenheit würde so eine neue Produktanforderung generiert werden. Dies rechtfertigt folgende Hypothese:

H4: Je ausgeprägter die Unzufriedenheit eines Kunden mit dem bestehenden Produktangebot, umso höher sind seine Anforderungen an ein Produkt.

Den Überlegungen *Maslows* (1970, S. 35ff.) folgend, kann Unzufriedenheit auch eine positive, motivierende Wirkung auslösen (*Staehle* 1999, S. 221f.). Dies lässt sich unter anderem mit *Vrooms* Valenz-Erwartungs-Theorie (1964) belegen. Nach der Auffassung von *Vrooms* ergibt sich die individuelle Motivation aus dem Produkt der Valenz (Bedeutung) eines Ergebnisses und der dazugehörigen Erwartung, dass eine Handlung dieses Ergebnis zur Folge hat (*Staehle* 1999, S. 233; *Vroom* 1995, S. 6f.). Überträgt man diese Erkenntnis auf den Open Innovation-Prozess, so ist ein in Kooperation entwickeltes Produkt dazu in der Lage, Ergebnisse erster und zweiter Art zu generieren. Ein Ergebnis erster Art dient als Motiv, da es die Belohnung für ein bestimmtes Leistungsverhalten verspricht, und somit als Mittel zum Zweck. Ist für das Mitwirken an einem Open Innovation-Prozess z. B. eine finanzielle Entlohnung oder eine Jobperspektive verbunden, stellen diese Motive Ergebnisse 1. Ordnung dar. Der eigentliche Zweck (Ergebnis 2. Ordnung) des neuen Produktes für den Kunden liegt jedoch in der Erwartung, dass es Bedürfnisse befriedigt, die im Moment von keinem anderen Produkt befriedigt werden. Er erwartet also eine hohe Instrumentalität zwischen den Ergebnissen der ersten und zweiten Ebene, weil für ihn die Entwicklung eines neuen Produktes und die damit verbundene Belohnung (Ergebnis erste Ebene) mit hoher Wahrscheinlichkeit zu einer Bedürfnisbefriedigung führt. Die Valenz dieser Ergebnisse stellt die subjektiv wahrgenommene Attraktivität der Ergebnisse dar. Dabei lässt sich vermuten, dass die Attraktivität eines neuen Produktes umso höher eingeschätzt wird, je unzufriedener ein Kunde mit den bereits erhältlichen Produkten ist. Wenn eine Kunde wiederholt unzufrieden mit einem Produkt ist, wird er im schlimmsten Fall dieses Produkt nicht mehr kaufen oder verwenden. Die Valenz der Ergebnisse ist dann negativ, weil der Kunde versucht, diese Ergebnisse zu vermeiden (*Staehle* 1999, S. 232). Ist ein neues Produkt allerdings in der Lage, jene Bedürfnisse zu befriedigen, die für die Unzufriedenheit mit den bisherigen Produkten verantwortlich sind, wird die Valenz der Ergebnisse positiv sein. Die hohe Valenz und die hohe Ergebniserwartung führen so zu einer positiven Motivation, die umso stärker wird, je ausgeprägter die beiden Variablen wahrgenommen werden. Diese Überlegungen führen zu folgender Hypothese:

H6: Je höher die Unzufriedenheit, umso höher die extrinsische Motivation.

Wenn ein innovativer Kunde, wie vermutet, neue Bedürfnisse an ein Produkt richtet, die von keinem anderen Produkt auf dem Markt erfüllt werden, kann auch dies allein eine motivierende Funktion zur Teilnahme an einem Open Innovation-Prozess haben (*Lüthje* 2000, S. 27ff.). Ergebnisse 1. und 2. Ordnung sind dann nutzenstiftend und wünschenswert; die Erwartung hierüber ist ebenfalls positiv, was zu einer individuellen Motivation führt. Dabei ist der wahrgenommene Nutzen umso größer, je mehr Bedürfnisse von herkömmlichen Produkten nicht erfüllt wurden. Dies rechtfertigt die Hypothesen:

H5: Je höher die Anforderungen an ein Produkt ausfallen, umso höher die extrinsische Motivation.

3.2.2 Wirkung der Innovationsbereitschaft zur Motivation am Open Innovation-Prozess

Bisher wurden die extrinsische und intrinsische Motivation immer als voneinander unabhängig und in ihrer Wirkung additiv gesehen. In der Praxis lassen sich jedoch die Wirkungen extrinsischer und intrinsischer Motivation nicht immer klar voneinander trennen (*Lepper/Henderlong* 2000, S. 257; *Sansone* 1986, S. 918; *Ryan/Connell* 1989, S. 749; *Frey/Osterloh* 2002, S. 7). Unter bestimmten Voraussetzungen können Belohnungen sogar intrinsische Motivationen verdrängen (*Deci* 1971; *Lepper et al.* 1973). Dieses in der Theorie als Verdrängungs-Effekt (Crowding-out) bekannte Phänomen wurde von *Frey* in die moderne Ökonomik eingeführt (*Frey/Osterloh* 2002, S. 9 ff.). Dieser Effekt lässt sich auf fünf weitere Teileffekte zurückführen. Einer dieser Effekte ist der sog. Spillover-Effekt (Ausstrahlungseffekt), der sich auf innovative Kunden im Open Innovation-Prozess übertragen lässt (*Costa/Iezzi* 2004, S. 376). Ein Kunde, der vermehrt für innovative Tätigkeiten belohnt wird, ändert seine Motivationsstruktur dahingehend, dass er innovatives Verhalten nur noch gegen Belohnung ausführt. Seine intrinsische Motivation zu diesem Verhalten sinkt und wird durch extrinsische Motive ersetzt. Nach den Überlegungen von *Vrooms* haben in diesem Fall die

Ergebnisse 1. und 2. Ordnung die Rangplätze getauscht, da die Belohnung dann nicht mehr ein Mittel zum Zweck darstellt, sondern selbst zum primären Ziel aufsteigt und somit an Wichtigkeit zunimmt. Auch *Kruglanski* stellt fest, dass das erste Ziel an Wert einbüßt, wenn es nur als Mittel zur Erreichung eines anderen Ziels angesehen wird (*Frey/Osterloh* 2002, S. 314). Insgesamt wird durch das Crowding-out ein negativer Einfluss der extrinsischen auf die intrinsische Motivation postuliert, was folgende Hypothese folgen lässt:

H11: Je höher die extrinsische Motivation, umso niedriger die intrinsische Motivation.

Vor dem Hintergrund, dass menschliches Verhalten sich in seiner Art, Ausdauer und Intensität durch Motivation erklären und begründen lässt (*Kaufmann* 1989, S. 72; *Rheinberg* 2004, S. 13), liefert die Theorie des überlegten Handelns (*Ajzen* 1985, S. 12) einen Ansatz für die Partizipation. Die Bildung einer willentlichen Handlungsintention wird unter anderem von der Einstellung einer Person zu diesem Verhalten beeinflusst (*Frey et al.* 1993, S. 369f.; *Ajzen* 1988, S. 117). Übertragt man die Überlegungen auf den Open Innovation-Kontext, wird sich ein Kunde genau dann für eine Mitwirkung an einem Open Innovation-Prozess entscheiden, wenn die Einstellung zu diesem Innovationsverhalten positiv ist. Dabei lässt sich die Einstellung als "subjektiv wahrgenommene Eignung eines Gegenstandes zur Befriedigung einer Motivation“ bezeichnen (*Kroeber-Riel/Weinberg* 2003, S. 169). Eignet sich nun ein innovatives Produkt für einen Kunden zur Motivationsbefriedigung, wird er eine positive Einstellung zum Verhalten haben, bei der Erstellung eines solchen Produktes mitzuwirken. Die durch den Einstellungsgegenstand angesprochenen Beweggründe führen beim Individuum zu einem bestimmten Verhalten (*ebd.* S. 171; *Fishbein/Ajzen* 1975, S. 301; *Miniard/Cohen* 1983, S. 170). Es lässt sich somit postulieren, dass die Verhaltensintention umso wahrscheinlicher ist, je stärker der Einstellungsgegenstand die Motive anspricht:

H12: Je stärker die extrinsische Motivation, umso höher die Teilnahmebereitschaft.
H13: Je stärker die intrinsische Motivation, umso höher die Teilnahmebereitschaft.

3.3 Soziale Kompetenz als moderierender Faktor

Wie oben erwähnt, handelt es sich bei Interaktiver Wertschöpfung und Open Innovation-Projekten um einen Interaktionsprozess zwischen den Kunden und Unternehmen. Um solch einen Interaktionsprozess möglichst gewinnbringend zu vollziehen, ist auf beiden Seiten ein gewisses Maß an Interaktionskompetenz notwendig. Der vielfach angesprochene Transfer von lokalem Wissen in die jeweils andere Domäne erfordert z. B. Kommunikationskompetenz auf Sender- und Empfängerseite. Auch *Reichwald* betont die Bedeutung der Interaktionskompetenz zur Generierung von Anwendungswissen als knappe Ressource (*Reichwald/Piller* 2006, S. 86ff.). Des Weiteren stellt ein Open Innovation-Projekt durch seinen arbeitsteiligen Charakter eine Art Teamarbeit dar. *Högl* konnte in diesem Zusammenhang empirisch nachweisen, dass die Qualität der Teamarbeit auch maßgeblich von der Kommunikationsfähigkeit der Teammitglieder und der gegenseitigen Unterstützung abhängt (*Gemünden/Högl* 2005, S. 117). Deshalb empfiehlt er, bei der Teambesetzung auf ausreichende soziale Kompetenz zu achten, denn "soziale Kompetenz, d. h. die Fähigkeit zum Umgang mit anderen Menschen, ist eine wesentliche Voraussetzung für offene und intensive Zusammenarbeit“ in Teams (*ebd.)*. Da die Integration der sozialen Kompetenzen in das Modell jedoch eine Integration von weiteren sozialen Konstrukten wie der Meinungsführerschaft als Komponente der Innovationsfähigkeit nach sich ziehen würde, fand diese Größe im Modell keine Berücksichtigung. Um den Einfluss der sozialen Kompetenz auf Seiten der Nutzer dennoch untersuchen zu können, wurde die soziale Kompetenz als moderierende Variable erfasst. Somit kann zumindest überprüft werden, ob das Ausmaß an sozialer Kompetenz einen Einfluss auf die Modellzusammenhänge besitzt. Als ein Beispiel für eine mögliche Auswirkung der sozialen Kompetenz kann die Steigerung der intrinsischen Motivation gelten. So ist es durchaus plausibel anzunehmen, dass ein in hohem Maße sozial kompetenter Mensch eine höhere intrinsische Motivation zur Teilnahme an einer Open Innovation-Aktivität aufweist. Begründen ließe sich dies in seiner generellen Freude an der Arbeit im Team, seinem Spaß am Austausch von Wissen oder der dann gegebenen Möglichkeit, andere Menschen durch das eigene Wissen unterstützen zu können. Daher kann folgende Hypothese für den Einfluss des Moderators aufgestellt werden:

H14: Die Stärke der Konstruktzusammenhänge des aufgestellten Modells unterscheidet sich in Abhängigkeit der sozialen Kompetenz des Kunden signifikant voneinander.

Wenn ein Mensch sich in einer Community mit anderen Menschen zusammenschließt, ist dies ebenfalls ein Zeichen für soziale Kompetenz. Somit kann auch die Community-Mitgliedschaft eines Probanden dessen soziale Orientierung messen, weshalb diese ebenfalls als moderierende Variable im Modell Verwendung findet. Da die oben dargelegte Argumentation auch für den Einfluss der Community-Mitgliedschaft Bestand hat, soll eine separate Argumentation bzw. Herleitung entfallen. Diesen Überlegungen folgend gilt nachstehende Hypothese:

H15: Die Stärke der Konstruktzusammenhänge des aufgestellten Modells unterscheidet sich in Abhängigkeit der Community-Mitgliedschaft eines Kunden signifikant voneinander.

Eine Übersicht des aufgestellten Modells zur Analyse des Open Innovation-Prozess ist Abbildung 9 zu entnehmen.

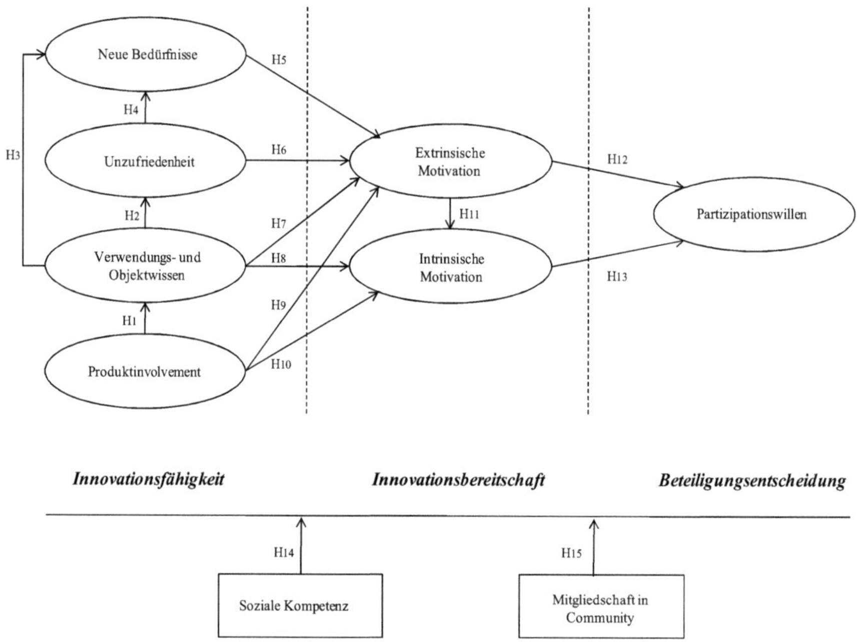

Abbildung 9: Hypothesensystem des Modells zum Innovationsverhalten fortschrittlicher Kunden

4 Empirische Überprüfung des Modells zum Open Innovation-Prozess

4.1 Die Auswahl der Forschungsmethode

4.1.1 Kriterien zur Auswahl eines Analyseverfahrens

Nachdem im letzten Kapitel ein Kausalmodell zur Erklärung der Eigenschaften, Motivationen und der letztendlichen Teilnahmebereitschaft an Open Innovation-Projekten entwickelt und theoretisch untermauert wurde, bedarf es nun einer empirischen Überprüfung des Modells. Um die Wirkungszusammenhänge des Modells überprüfen zu können, wird zum einen empirisches Datenmaterial benötigt, zum anderen ist eine geeignete mathematisch statistische Methode erforderlich, um dieses Datenmaterial auswerten zu können (*Huber et al.* 2005, S. 25). Zur Analyse empirischen Datenmaterials existiert eine Vielzahl von Verfahren, aus denen anhand von bestimmten Kriterien eines ausgewählt werden muss (einen Überblick über die gängigsten multivarianten Verfahren liefert u. a. *Bliemel et al.* 2005, S. 21). Die relevanten Kriterien zur Identifikation eines geeigneten Schätzverfahrens sollen im Folgenden erarbeitet werden.

Zuerst einmal handelt es sich bei allen im Modell verwendeten Konstrukten um latente, d. h. nicht beobachtbare Variablen. Da sich diese Größen nicht direkt messen lassen, werden diese über ihnen zugeteilte Indikatorvariablen gemessen, die auch als Indikatoren bezeichnet werden (*Homburg* 1992, S. 499). Aus diesem Grund soll das gewählte Verfahren nicht nur in der Lage sein, die Beziehungen zwischen den latenten Konstrukten selbst zu analysieren. Zusätzlich muss besonders Wert auf die Analyse der Beziehungen zwischen den Indikatoren und den Konstrukten gelegt werden (*Herrmann* et al. 2006, S. 45). Bei dem Versuch, nicht beobachtbare Variablen zu messen, treten für gewöhnlich Messfehler auf. Neben bewussten Falschaussagen und unvollständigen Angaben der Probanden lassen sich diese Messfehler auch auf eine unzureichende Validität, Reliabilität und Objektivität des Messinstruments zurückführen. Deshalb ist eine explizite Berücksichtigung dieser Messfehler von erheblicher Wichtigkeit (*Siems* 2003, S. 123).

Da durch die Überprüfung des Modells vor allem Implikationen für die Marketingpraxis abgeleitet werden sollen, ist des Weiteren eine gute Prognoseeigenschaft des Schätzverfahrens notwendig. Eine hohe Anzahl an Items sollte daher kein Problem für das erwählte Verfahren darstellen (*Peter* 2001, S. 128). Für die Ableitung von Praxisimplikationen ist des Weiteren die Richtung der Kausalität zwischen latenten Variablen und ihren Indikatoren von großer Bedeutung. Wenn die beobachtbaren Indikatoren die latenten Variablen kausal verursachen, so spricht die Literatur von einer formativen Operationalisierung. Verursacht hingegen die latente Variable die ihr zugeordneten Indikatoren, wird von einer reflektiven Operationalisierung gesprochen (*Bollen* 1989, S. 13f.). Kommt es zu Fehlspezifikationen bei der Operationalisierung, werden also reflektive anstatt formative Operationalisierungen oder umgekehrt verwendet, kommt es zwangsläufig zur Ableitung irrtümlicher Implikationen, was es offenkundig zu vermeiden gilt. Deshalb sollte das gewählte Verfahren in der Lage sein, sowohl reflektive als auch formative Operationalisierungen zuzulassen und zu unterstützen (*Huber et al* 2007, S. 1).

Ein weiteres, wichtiges Kriterium bei der Wahl des Analyseverfahrens stellt die Qualität des zur Verfügung stehenden Datenmaterials dar. Die Anforderungen an dieses sollten nicht zu restriktiv im Hinblick auf Größe und Verteilung der Stichprobe sein, was eine praxisfreundliche Überprüfung der Modellzusammenhänge konterkarieren würde und die Anwendung einiger Verfahren verhindert (*Jahn* 2007, S. 14ff.).

Nachdem nun die Anforderungen an das noch zu wählende Schätzverfahren bekannt sind, sollen zunächst diejenigen Verfahren betrachtet werden, die in der Lage sind, kausale Beziehungen zu analysieren. In einem weiteren Schritt werden diese dann auf ihre Eignung überprüft, was die Auswahl somit weiter eingrenzt.

4.1.2 Die Kausalanalyse

Die klassische Form der Überprüfung von Kausalität besteht in der Durchführung eines Experiments. Hierbei werden unter kontrollierten Bedingungen einzelne Einflussvariablen verändert; im Anschluss wird der resultierende Effekt der Veränderung gemessen (*Koschate* 2002, S. 116) Da es sich jedoch in der Marketingumwelt in der Regel um sehr komplexe Ursache-Wirkungs-Gefüge handelt, sind solche Tests nur sehr schwierig durchzuführen. Die Schwierigkeit besteht vor allem darin, dass alle Elemente außer den Einflussvariablen konstant gehalten werden müssen, damit sich eine eventuell auftretende Veränderung anderer Größen ausschließlich auf eine Veränderung der Einflussvariablen zurückführen lässt. Auch aus diesem Grund ist die multivariate Datenanalyse mittels Strukturgleichungsmodellen in der Literatur immer weiter in den Vordergrund gerückt (*Homburg/Baumgartner* 1995, S. 162ff.). Diese Modelle bilden Beziehungen zwischen den latenten Variablen ab, die zuvor aufgrund theoretischer bzw. sachlogischer Überlegungen abgeleitet wurden (*Huber et al.* 2007, S. 3). Sollen mit einem solchen Strukturgleichungsmodell Kausalitäten überprüft werden, so spricht man von einer Kausalanalyse. Die Arbeiten von *Jöreskog* trugen dabei zur generellen Verbreitung der Kausalanalyse bei; deren Einsatz im Marketing lässt sich jedoch vor allem auf Beiträge von *Bagozzi* zurückführen (*Jöreskog/Wold* 1982, S. 263ff. *Bagozzi/Baumgartner* 1994, S. 386ff.).

Der Begriff "causal modeling“, oder zu Deutsch Kausalanalyse, bezeichnet im Rahmen der multivariaten Datenanalyse ein Verfahren zur Überprüfung von Ursache-Wirkungs-Beziehungen auf der Grundlage der Varianzen oder Kovarianzen von empirischen Daten (*Bentler* 1980, S. 419ff.). Dabei ist das Verfahren in der Lage, erhebungsbedingte Messfehler explizit zu berücksichtigen (*Hildebrandt/Homburg* 1998, S. 17). Folgendes Zitat spiegelt die Vorteile des Verfahrens wieder:

> "Charakteristisch für die Kausalanalyse ist, dass der methodische Ansatz es erlaubt, explizit zwischen beobachtbaren und theoretischen Variablen zu trennen, statistisch Substanz- und Messfehleranteile zu separieren und vermutete kausale Beziehungsstrukturen auf der Ebene von theoretischen Variablen zu testen (*Hildebrandt/Homburg* 1998, S. 17).“

Die Vorteile des Verfahrens bestehen also in dessen Eignung als strukturprüfendes Verfahren bei gleichzeitiger Berücksichtigung von Messfehlern (*Bagozzi/Baumgartner* 1994, S. 386ff.). Das Verfahren erlaubt des Weiteren eine Durchführung von multiplen Gruppenvergleichen. Hiermit können unter anderem signifikante Unterschiede in der Parameterstruktur zwischen Gruppen festgestellt werden. Diese Gruppen lassen sich anhand bestimmter, personeninhärenter Kriterien bilden (*Hildebrandt/Homburg* 1998, S. 28ff).

Das bereits angesprochene und für eine Kausalanalyse nötige Strukturgleichungsmodell besteht grundsätzlich aus drei Teil-oder Submodellen: dem Strukturmodell an sich sowie dem endogenen und exogenen Messmodell (*Hildebrandt/Homburg* 1998, S. 20). Im übergeordneten Strukturmodell werden die gerichteten Abhängigkeiten zwischen den latenten Konstrukten erfasst. Im endogenen bzw. exogenen Messmodell sind hingegen die Beziehungen zwischen den manifesten Indikatoren und den latenten Variablen (endogen bzw. exogen) beschrieben (*Herrmann et al.* 2006, S. 36).

Nachdem die Vorauswahl auf kausalanalytische Verfahren gefallen ist, gilt es sich nun zwischen den bereits erwähnten Varianz- und Kovarianz basierten Verfahren zu entscheiden. Deshalb sollen beide Ansätze im Folgenden kurz vorgestellt werden, um darauf aufbauend das für diese Arbeit geeignete Verfahren auswählen zu können.

4.1.3 Varianz- und kovarianzbasierte Analyseverfahren

Für eine Schätzung der Parameter eines Strukturmodells können unterschiedliche Algorithmen eingesetzt werden. Unterscheiden lassen sich hierbei varianz- und kovarianzbasierte Verfahren.

Die kovarianzbasierten Verfahren, die auch als "hard modeling“ bezeichnet werden, schätzen die Modellparameter, indem sie die empirische Kovarianzmatrix der Indikatoren als Ganzes bestmöglich reproduzieren (*Huber et al.* 2007, S. 8). Da alle verfügbaren Informationen aus der Kovarianzmatrix zu deren bestmöglicher Replikation genutzt werden, wird auch von "full information approaches“ gesprochen (*Huber et al.* 2005, S. 12). Dabei kann der Forscher auf verschiedene Schätzverfahren zurückgreifen, denen unterschiedliche Schätzalgorithmen zugrunde liegen. Als Beispiele sind der Maximum-Likelihood oder Weighted-Least-Squares Algorithmus zu nennen, alle Algorithmen stützen sich jedoch auf die Analyse von Kovarianzen und Korrelationen zwischen den Indikatoren. Mittlerweile existieren etablierte Softwarepakete zur Kovarianz basierten Strukturanalyse, wie z. B. das von *Jöreskog* und *Sörbom* entwickelte Program LISREL (Linear Structural Relations) oder das Programm AMOS (Analysis of Moment Structures), welches von *Arbuckle* stammt (*Jöreskog/Sörbom* 1996; *Arbuckle/Wothke* 1999).

Bei den varianzbasierten Verfahren, sog. "soft modeling“, wird die tatsächliche Datenstruktur, also die Indikatorwerte, bestmöglich reproduziert. Die Kovarianzmatrix wird hierzu lediglich blockweise genutzt. Die Ermittlung der Zusammenhänge des Strukturmodells erfolgt auf Basis der Konstruktwerte, die wiederum über die Gewichte bestimmt werden. Dieser Ansatz führt zwar zu weniger genauen Schätzern, er besitzt jedoch eine bessere Vorhersageeigenschaft als die Parameter aus kovarianzbasierten Schätzungen (*Huber et al* 2007, S. 9ff.). Zu den varianzbasierten Verfahren zählt der PLS-Ansatz. Auch für den PLS-Ansatz existieren Softwareprogramme, wegen ihres häufigen Einsatzes sind dabei vor allem die Programme PLS-Graph, SmartPLS, sowie LVPLS zu nennen.

Vergleicht man nun beide Ansätze, so lassen sich einige Vorteile des PLS-Ansatzes erkennen. So ist PLS in der Lage, auch mit formativen Indikatoren umzugehen, bei Kovarianz basierten Verfahren ist bis heute nur eine reflektive Operationalisierung von Konstrukten möglich. Aktuell gibt es jedoch Bemühungen, auch formative Konstrukte in LISREL einzubinden. Diese sind jedoch noch nicht hinreichend abgesichert und damit sehr risikobehaftet (*Temme* 2006, S. 183ff.). Die sehr einfache und intuitive Spezifikation von formativen Messmodellen mit den Softwarepaketen SmartPLS und PLS-Graph stellt deshalb einen der Gründe dar, warum PLS in der Forschung immer größere Beachtung erfährt (*Jahn* 2007, S. 15).

Einen weiteren Grund für die zunehmende Verbreitung von PLS stellen die geringen Anforderungen an die Stichprobengröße dar (*Huber et al.* 2007, S. 10). Als Heuristik nennt *Chin* dabei das Zehnfache des Betrags der größten Anzahl an Indikatoren entweder eines exogenen Messmodells oder der abhängigen Variablen zeigen (*Chin* 1998, S. 311). Stichprobengrößen um die 50 Datensätze sind somit durchaus handhabbar. Dabei muss jedoch erwähnt werden, dass der PLS-Algorithmus bessere Ergebnisse liefert, je größer die Stichprobe und die Zahl der Indikatoren für die Konstrukte sind (*Huber et al.* 2007, S. 12). Dies leuchtet insofern ein, da bei größeren Stichproben Messfehler weniger ins Gewicht fallen und der Bedeutungskern der latenten Konstrukte sich umso besser erfassen lässt, je mehr Indikatoren zu dessen Spezifikation gebraucht werden. Diese Eigenschaft von Schätzern, nur bei hoher Indikatorenzahl konsistente Ergebnisse zu liefern, wird "consistency at large“ genannt (*Jöreskog/Wold* 1982, S. 266). Dennoch ist PLS in der Lage, sogar Modelle mit nur 20 empirisch erhobenen Fällen zufriedenstellend zu schätzen (*Chin* 1998, S. 311).

Ein weiterer Vorteil von PLS gegenüber kovarianzbasierten Verfahren besteht in den Anforderungen an die Datenbasis. Als ein nichtparametrisches Verfahren müssen die Eingangsdaten nicht normalverteilt sein (*Huber et al.* 2005, S. 29). Eine große Schiefe der Stichprobe beeinflusst somit nicht die Parameterschätzung (*Jahn* 2007, S. 15). Der bei kovarianzbasierten Verfahren am häufigsten verwendete Maximum-Likelihood Schätzer nimmt dagegen eine Normalverteilung der Daten an, was bei Nichterfüllung dieser Eigenschaft durch die Datenbasis zu Fehlinterpretationen der Ergebnisse führen kann (*Huber et al 2007*, S. 10ff.). Die bisher angeführten Unterschiede der beiden Ansätze verdeutlicht Tabelle 1.

Pro Kovarianzanalyse (LISREL, AMOS)	**Pro Varianzanalyse (PLSGraph, SmartPLS)**
Untersucht etablierte Theorien	Zusammenhänge zwischen Konstrukten noch nicht fundiert: Studie besitzt eher explorativen Charakter
Auftreten ausnahmslos reflektiver Messmodelle	Vorhandensein formativer Messmodelle
Große Stichprobe	Kleine Stichprobe
Wunsch nach ausdrucksstarken Gütemaßen	Wunsch nach Ermittlung der Prognoserelevanz

Tabelle 1: Hilfe zur Wahl eines Kovarianz- oder varianzbasierten Verfahrens

Da in diesem Modell die unbekannten Zusammenhänge zwischen Eigenschaften, Motivationen und der Teilnahmebereitschaft im Rahmen von Open Innovation-Aktivitäten untersucht werden sollen, ist die vorliegende Studie eindeutig explorativer Natur. Die Zusammenhänge des Modells wurden aufgrund theoretischer Überlegungen sowie Plausibilitätsüberlegungen formuliert und sind somit nicht fundiert. PLS zielt auf eine bestmögliche Erklärung des Strukturmodells und auf eine gute Erklärung der Varianz des Zielkonstruktes ab. Dies fördert die Ableitung von Implikationen für die Marketingtheorie und Praxis. Hierfür ist zudem die Prognoseeigenschaft des Verfahrens wichtiger als ausdrucksstarke Gütemaße. Mit 200 Datensätzen liegt zudem eine relativ kleine Stichprobe vor; eine Normalverteilung der Daten kann dabei nicht angenommen werden. Zu guter Letzt sind im Strukturmodell neben reflektiven auch formative Konstrukte zu finden. Als Fazit lässt sich demnach festhalten, dass aufgrund der im Kriterienkatalog gesammelten Anforderungen und der Beschaffenheit der Studie der PLS-Ansatz in dieser Studie den Vorzug gegenüber den Kovarianz basierten Verfahren erhält. Im Folgenden soll der nun gewählte PLS-Ansatz detaillierter dargestellt werden.

4.2 Die ausgewählte Methode - Partial Least Squares

4.2.1 Der PLS-Ansatz

Wie bereits angesprochen ist PLS ein varianzbasierter Ansatz zur Überprüfung und Schätzung von Kausalmodellen. Dem PLS-Ansatz dienen zur Schätzung des Modells die hypothesenbasierte Herleitung gerichteter Wirkungspfade sowie die entsprechenden Vorzeichen des Zusammenhanges zwischen latenten Konstrukten. PLS versucht bei der Schätzung des Modells die Fallwerte der Rohdatenmatrix möglichst genau zu reproduzieren. Das Verfahren verwendet hierzu die Kleinste-Quadrat-Schätzung, die wiederum auf der Hauptkomponentenanalyse und der kanonischen Korrelationsanalyse aufbaut (*Backhaus et al* 2000, S. 412).

Zur Bestimmung der Schätzparameter verwendet der PLS-Schätzalgorithmus Gewichte (weights) als Hilfsvariablen, die sich, abhängig vom Messmodell, in einem iterativen Prozess ergeben. Diese Gewichte werden dann zur Bestimmung von konkreten Ausprägungen der latenten Variablen gebraucht (*Huber et al.* 2007, S. 6f.). Im Anschluss werden sowohl die Gewichte als auch die Konstruktwerte in einem iterativen Prozess so angepasst, dass „die Konstruktwerte bestmöglich in die Struktur der latenten Variablen wie auch in die Messmodelle passen" (*Huber et al.* 2007, S. 7). Hierzu existieren verschiedene PLS-Algorithmen, die jedoch alle nach folgendem Schema ablaufen (*Fornell/Cha* 1994, S. 46ff.; Huber et al. 2007, S. 7):

1. Schritt: Die äußere Schätzung

Als erstes werden die Konstruktwerte als Erwartungswerte der Indikatorvariablen berechnet. Dabei bilden zu Anfang willkürlich gewählte Gewichte den Input für die Analyse. Danach beginnt die Schätzung dieser Gewichte in den Messmodellen. Die Schätzung erfolgt je nach Modellspezifikation unterschiedlich. Bei reflektiven Konstrukten sind die Gewichte einfache Regressionskoeffizienten, die den Einfluss der latenten auf die manifeste Variable beschreiben. Ist das betreffende Konstrukt hingegen formativ operationalisiert, dienen die multiplen Regressionskoeffizienten als Gewichte. Diese beschreiben den Effekt der manifesten auf die zugehörige latente Variable (*Huber et al.* 2007, S. 7). Dabei sind alle Variablen normalisiert und haben einen Mittelwert von null (*Cassel et al.* 1999, S. 438).

2. Schritt: Die innere Schätzung

Als Basis für die innere Schätzung dienen die im letzten Schritt berechneten Werte der latenten Variablen. PLS bestimmt im Folgenden verbesserte Werte für die endogenen Größen auf Basis der Konstruktwerte der exogenen latenten Variablen. Diese ermittelten Konstruktwerte dienen dann als Input für eine erneute äußere Schätzung des Modells (*Huber et al.* 2007, S. 7).

Aus den Ausführungen lässt sich erkennen, dass es sich bei dem Prozess um eine Schleife handelt. Diese Schleife wird solange wiederholt, bis sich bei den Gewichten und damit bei den Konstruktwerten der latenten Variablen keinerlei bedeutsame Änderungen mehr ergeben (Als Stoppkriterium wird in der Literatur vielfach eine Veränderung der Gewichte von ≤0,001 genannt). Ist dies der Fall, können nun die Ladungen zwischen den latenten Variablen und Indikatoren mittels einer OLS-Regression ermittelt werden und damit einhergehend die Schätzung der Pfadkoeffizienten durchgeführt werden (*Huber et al.* 2007, S. 8).

Die Durchführung des PLS-Verfahrens setzt zunächst eine detaillierte Modellspezifikation voraus (*Götz/Liehr-Gobbers* 2004, S. 716). Dabei spielt besonders die Suche und Erhebung von geeigneten Befragungsindikatoren für die im Modell verwendeten Konstrukte eine wichtige Rolle. Dabei kann, je nach Richtung der unterstellten Beziehung von Indikatoren und Konstrukten, zwischen den bereits angesprochenen reflektiven und formativen Indikatoren unterschieden werden. Da eine solche Unterscheidung nicht nur für die Berechnung des Modells, sondern auch für die Gütebeurteilung und damit für die Ableitung von Implikationen für die Praxis von besonderer Bedeutung ist, soll nachfolgend der Unterschied zwischen beiden Operationalisierungsformen gesondert behandelt werden.

4.2.2 Operationalisierung der Indikatoren

Wie erinnerlich, können latente Variablen auf unterschiedliche Weise operationalisiert werden, entweder reflektiv oder formativ. Ein Indikator kann als reflektiv bezeichnet werden, wenn er durch das latente Konstrukt bedingt wird. Die Richtung der Kausalität geht also vom latenten Konstrukt aus und wirkt auf den Indikator ein (*Jahn* 2007, S. 6). Die Items spiegeln somit die Ausprägung der latenten Variablen wider. Dabei geht man implizit davon aus, dass eine Veränderung der unbeobachtbaren Variable auch eine Veränderung aller beobachteten Indikatoren in gleichem Maße nach sich zieht, solange keine Messfehler vorhanden sind (*Eberl* 2004, S. 3). Dies zieht jedoch die Forderung nach sich, dass alle Items zur Messung eines reflektiven Konstruktes stark miteinander korrelieren müssen.

Die reflektive Form kann durchaus als "klassisch“ bezeichnet werden, da die Operationalisierung von latenten Konstrukten lange Zeit durch das sogenannte "Churchill-Paradigma" bestimmt wurde. Dies besagt, dass standardmäßig eine reflektive Form bei der Operationalisierung von latenten Konstrukten angenommen werden sollte (*Churchill* 1979, S. 64ff.). Viele Studien in der Literatur folgen noch heute diesem Vorschlag; eine Begründung und Überprüfung dieser Operationalisierungsform bleibt jedoch oft auf der Strecke. Eine detaillierte Auseinandersetzung mit der Fragestellung der reflektiven oder formativen Spezifikation ist jedoch besonders wichtig, da es bei einer fehlerhaften Konzeptionalisierung sowie Operationalisierung von Modellkonstrukten meist zu einer fälschlichen Anwendung von statistischen Verfahren und im Anschluss daran zu einer fehlerhaften Ableitung von Implikationen kommt. Diese können wiederum in der Praxis gravierende Folgen nach sich ziehen (*Huber et al.* 2007, S. 1).

Im Gegensatz zum reflektiven Messmodell verursachen im formativen Messmodell die Indikatoren das latente Konstrukt; die Richtung der Kausalität geht also von den Indikatoren hin zum latenten Konstrukt. Die Veränderung eines Indikators zieht somit eine Veränderung des latenten Konstruktes nach sich. Dies ist auch der Grund dafür, dass man im formativen Messmodell von einer Bereinigung der Indikatoren, also von einer nachträglichen Eliminierung absieht. “Omitting an indicator is omitting a part of the construct“ (*Bollen/Lennox* 1991, S. 308). Anders ist dies bei reflektiven Modellen. Hier stellen die Items Repräsentanten des betreffenden Konstruktes dar und können ohne Probleme gegeneinander ausgetauscht werden, ohne dabei den definitorischen Rahmen des Modells zu verschieben (*Huber et al.* 2007, S. 20). Zu formativen Modellen bleibt zu erwähnen, dass der aus den Indikatoren gebildete Konstruktwert nicht dem wahren Konstruktwert entspricht, da die Itembatterie nie alle Facetten des Konstruktes messen kann. *Lohmöller* bezeichnet diese Abweichung als "lack of validity“ (*Lohmöller* 1989, S. 25).

Nachdem nun beide Ansätze dargestellt wurden, stellt sich anschließend die Frage, nach welchen Kriterien oder Regeln sich der Forscher für eine Form entscheiden sollte. Dazu existiert in der Literatur mittlerweile eine Vielzahl von Empfehlungen, die wohl bekannteste stammt von *Jarvis* und Kollegen. Diese Empfehlungen lassen sich jedoch nach Meinung anderer Autoren stark verdichten. So genügt es nach *Herrmann* und Kollegen, die Richtung der Kausalität zu betrachten, um zwischen einer reflektiven und einer formativen Operationalisierung zu unterscheiden (*Herrmann et al* 2006, S. 46ff.) Das Autorengespann begründet dies damit, dass alle übrigen Eigenschaften des Katalogs von *Jarvis et al.* aus der Kausalität folgen, und somit nicht weiter benötigt werden (*Huber et al* 2007, S. 20f.).

Die Unterscheidung zwischen reflektiven und formativen Konstrukten ist auch für eine Überprüfung des Messmodells mittels Gütekriterien wichtig, da sich die Gütekriterien bei formativer und reflektiver Modellierung unterscheiden.

4.2.3 Gütekriterien zur Messmodellbeurteilung

Das Ziel der Gütekriterien besteht darin, die Validität der Modellbeziehungen einerseits und des Gesamtgefüges andererseits, beurteilen zu können (*Huber et al.* 2007, S. 35). Man unterscheidet also zwischen Gütekriterien im Messmodell und im Strukturmodell. Auf Messmodellebene unterscheidet man weitergehend zwischen Gütemaßen für formative und für reflektive Operationalisierungen, wobei mit der Betrachtung letzterer begonnen werden soll.

Bei reflektiven Konstrukten ist vor allem die Reliabilität der Messung von besonderer Bedeutung. Die Reliabilität im Allgemeinen betrifft die Zuverlässigkeit und Stabilität eines Messinstruments. Das Kriterium beantwortet also die Frage, wie gemessen wird, und fordert, dass die Messergebnisse bei wiederholter Messung reproduzierbar sein sollten (*Himme* 2006, S. 375). Auch die Reliabilität besitzt unterschiedliche Ausprägungsformen (*Bagozzi* 1980, S. 176ff.). Im Rahmen der Kausalanalyse interessiert hier ganz besonders die Indikatorreliabilität (*Himme* 2006, S. 380). Diese gibt für jeden Indikator einzeln "den Anteil der durch den zugehörigen Faktor erklärten Varianz an der Gesamtvarianz dieses Indikators an“ (*Himme* 2006, S. 380). Zur Beurteilung der Indikatorreliabilität wird auf die Höhe der Ladungen der einzelnen Indikatoren sowie auf deren Signifikanz zurückgegriffen (*Hulland/Ivey* 1999, S. 198). Dabei sollten sich mindestens 50% der Varianz eines Indikators auf die latente Variable zurückführen lassen (*Hulland/Ivey* 1999, S. 198). Andernfalls wäre die Varianz des Messfehlers größer als die erklärte Varianz des Indikators (*Himme* 2006, S. 380). Daraus lässt sich ableiten, dass die Ladung der latenten Variablen auf eine Indikatorvariable mindestens einen Wert von 0,7 annehmen sollten (*Sarkar et al.* 2001, S. 365f.). Die Signifikanz der Ladung lässt sich mit Hilfe der t-Werte abschätzen. Zur Berechnung dieser stehen in PLS zwei Prozeduren zur Verfügung; zum einen Bootstrapping und zum anderen Jackknifing (*Huber et al. 2007*, S. 35). Diesen beiden sogenannten Resampling-Methoden liegen keine parametrischen Annahmen zugrunde, jedoch ist zur Beurteilung der Schätzgüte das Bootstrapping dem Jackknifing aufgrund des geringeren Standardfehlers vorzuziehen (*Huber et al.*, S. 35; *Efron/Gong* 1983, S. 39f.). Die berechneten t-Werte sollten bei einem einseitigen t-Test auf dem 5%-Niveau signifikant sein, der dazugehörige Wert muss damit ≥ 1, 66 sein.

Außerdem sollte das reflektive Messmodell auf Unidimensionalität geprüft werden. Diese liegt dann vor, wenn eine klare Zuordnung aller Indikatoren zu einem Konstrukt besteht. Dies ist der Fall, wenn die Indikatoren eines Konstrukts nur miteinander eine hohe Korrelation aufweisen (*Gefen et al.* 2000, S. 25). Um dies zu überprüfen, lässt sich mit Hilfe von Statistiksoftware wie z. B. SPSS eine Faktorenanalyse durchführen. In der resultierenden "rotierten Komponentenmatrix“ sollten alle Variablen, die zur Operationalisierung eines Konstruktes herangezogen werden, erstens auf den gleichen Faktor laden und zweitens einen Wert von >0,6 aufweisen. Umgekehrt nehmen die Ladungen auf andere Faktoren optimalerweise einen Wert von <0,1 an. Ist dies nicht der Fall, sollten sie jedoch mindestens signifikant geringer sein als die Ladungen der Indikatoren auf andere Konstrukte.

Mittels des Kriteriums der Validität, auch Gültigkeit genannt, wird die Gültigkeit bzw. die materielle Genauigkeit eines Messinstruments überprüft. Es beantwortet also die Frage, ob das Modell auch genau das misst, was es messen soll bzw. zu messen vorgibt (*Himme* 2006, S. 375). Demnach lässt sich eine Messung dann als valide bezeichnen, wenn Unterschiede in den Messergebnissen aus einer tatsächlichen Veränderung der unabhängigen Variablen resultieren. Die Validität besitzt dabei mehrere Ausprägungsformen. In dieser Arbeit interessieren jedoch vor allem die Konvergenzvalidität, Diskriminanzvalidität und Vorhersagevalidität.

Die Konvergenzvalidität gibt an, ob verschiedene Indikatoren zur Messung eines Konstruktes miteinander vereinbar sind. Man kann also von Konvergenzvalidität ausgehen, wenn die Indikatoren, die einem Faktor zugeordnet sind, untereinander in einer starken Beziehung stehen. Zur Messung der Konvergenzvalidität dienen die Faktorreliabilität und die durchschnittlich erfasste Varianz (*Himme* 2006, S. 384). Mit der Faktorreliabilität lässt sich beurteilen, ob ein Faktor geeignet ist, um die mit ihm in Verbindung stehenden reflektiven Indikatoren zu erklären. Dabei kann die Faktorreliabilität Werte zwischen 0 und 1 annehmen, wobei Werte von ≥0,7 als akzeptabel angesehen werden können (*Huber et al.* 2007, S. 35). Die durchschnittlich erfasste Varianz wird ebenfalls zur Beurteilung der Konvergenzvalidität benötigt. Die DEV gibt an, wie hoch der durch einen Faktor erklärte Varianzanteil der manifesten Variablen in Relation zum nicht erklärten Varianzanteil ist. Der Wertebereich der DEV liegt ebenfalls zwischen 0 und 1, wobei ein Wert von ≥0,6 vorliegen sollte (*Huber et al.* 2007, S. 35f.).

Von Diskriminanzvalidität spricht man dann, wenn eine stärkere Beziehung zwischen jenen Indikatoren besteht, die demselben Faktor zugeordnet sind, als denen, die unterschiedliche Faktoren messen (*Bagozzi* 1980, S. 13f.). Nach *Fornell* und *Larcker* liegt Diskriminanzvalidität vor, wenn die bereits bekannte DEV einer latenten Variablen größer ist als jede quadrierte Korrelation dieser latenten Variablen mit einer anderen latenten Variablen im Untersuchungsmodell (*Fornell/Larcker* 1981, S. 46). Dieses Gütemaß wird nach seinen Autoren auch Fornell-Lacker-Kriterium genannt.

Die letzte Art der Validität, die es zu überprüfen gilt, ist die Vorhersagevalidität. Dieses Kriterium gibt Auskunft darüber, wie gut eine Rekonstruktion der latenten Variablen durch die ihr zugeordneten Indikatoren möglich ist (*Huber et al.* 2007, S. 37). Um diese Frage beantworten zu können, schlagen *Fornell* und *Bookstein* die Verwendung von Stone-Geissers Q^2 vor (*Fornell/Bookstein* 1982, S. 450). Liegt der Wert über Null, so ist dieses Kriterium als erfüllt anzusehen und es kann von Vorhersagerelevanz ausgegangen werden (*Huber et al.* 2007, S. 37).

Nachdem nun die Kriterien zur Überprüfung des reflektiven Messmodells erläutert wurden, soll Selbiges auch für eine formative Messmodellspezifikation geschehen. Die Gütebeurteilung findet hier jedoch anhand einer wesentlich geringeren Anzahl von Gütekriterien statt. So können z. B. die Vorhersagevalidität, die Unidimensionalität sowie die Konvergenz im formativen Messmodell nicht überprüft werden. Die Gütebeurteilung bei formativen Konstrukten stützt sich vor allem auf die multiplen Regressionskoeffizienten zwischen dem Konstrukt und den Indikatoren sowie auf deren Signifikanz. Ein höherer Wert der Regressionskoeffizienten impliziert dabei eine höhere Vorhersagevalidität eines Indikators hinsichtlich des Konstruktes. Die Reliabilität des Regressionskoeffizienten lässt sich durch den zugehörigen t-Wert abschätzen. Anders als bei reflektiver Operationalisierung dürfen Indikatoren mit niedrigen Gewichten jedoch nicht ohne weiteres eliminiert werden, da sich sonst der definitorische Rahmen des Konstruktes nachträglich verschieben würde (*Huber et al.* 2007, S. 38).

Auch im formativen Messmodell sollte die Diskriminanzvalidität überprüft werden. Hierzu kann jedoch nicht wie im reflektiven Modell auf das Fornell-Lacker-Kriterium zurückgegriffen werden, da sich für das formative Modell keine DEV berechnen lässt. Stattdessen kann jedoch die Eigenschaft der Prädikatorspezifikation herangezogen werden. Hierfür werden konkrete Werte für jede latente Variable berechnet, die dann in einem zweiten Schritt als Eingangsdaten für die Berechnung einer Korellationsmatrix zwischen den Konstrukten gebraucht werden. Liegen in der resultierenden Korrelationsmatrix alle Werte der Korrelationen zwischen den latenten Variablen unter 0,9, so kann Diskriminanz bescheinigt werden (*Huber et al.* 2007, S. 38).

Die berechnete Korellationsmatrix dient weiterhin dazu, einen ersten Eindruck über eventuell vorliegende Multikollinearität zu bekommen, die es allerdings zu vermeiden gilt. Denn perfekte Multikollinearität liegt genau dann vor, wenn die Werte einer unabhängigen Variablen aus den anderen unabhängigen Variablen exakt vorhergesagt werden können (*Huber et al.* 2007, S. 98). Die Indikatoren des formativen Messmodells sollen aber voneinander unabhängige Dimensionen des Konstruktes messen, demzufolge sollte eine gegenseitige Vorhersage der Werte nicht möglich sein. Ein Wert nahe dem Maximalwert von 1 deutet auf das Vorliegen von Multikollinearität hin (*Backhaus et al.* 2000, S. 99). Weitergehend lässt sich die Multikollinearität mit Hilfe des "Variance Inflation Factors“, kurz VIF, genauer untersuchen. Dieser VIF basiert auf jenem Varianzanteil eines Indikators, der sich durch die übrigen Indikatoren erklären lässt. Um diesen feststellen zu können, müssen mehrere lineare Regressionen durchgeführt werden, und zwar pro Konstrukt genau so viele, wie das Konstrukt Indikatoren besitzt, da jeder Indikator einmal als Regressant dient. Mit dem auf diese Weise ermittelten Bestimmtheitsmaß lässt sich nun die eigentliche Prüfgröße des VIF anhand der folgenden Formel berechnen:

$$ViF = \frac{1}{1 \quad R^2}$$

Ein Wert von größer als 10 deutet dabei auf Multikollinearität hin. Nachdem nun die Gütemaße im Messmodell bekannt sind, sollen Selbige auch für das Strukturmodell erläutert werden.

4.2.4 Gütekriterien zur Strukturmodellbeurteilung

Aufgrund der zur Verfügung stehenden Kennzahlen ist eine umfassende Abschätzung der Qualität der Modellzusammenhänge möglich. Hierzu können z. B. die Strukturparameter des Modells herangezogen werden, da sie Informationen über die Stärke des Einflusses einer Variablen auf eine kausal Nachfolgende enthalten. Um die Güte der Parameter abzuschätzen, dienen wie im Messmodell zum einen die Höhe der Parameter und zum anderen deren Signifikanzen. Zur Beurteilung der Signifikanz können analog zur Messmodellebene die t-Werte der Pfadkoeffizienten verwendet werden. Im Rahmen einer Strukturmodellüberprüfung mittels PLS liegt ein Hauptaugenmerk auf der möglichst optimalen Erklärung der Varianz des Zielkonstruktes. Zur Beurteilung der erklärten Varianz einer Variablen bietet sich das R^2 Kriterium an, da dieses jenen Anteil der Varianz einer Variablen angibt, welcher sich durch ursächlich vorgelagerte Größen erklären lässt (*Huber et al.* 2007, S. 42).

Analog zur Messmodellebene sollte das Modell in der Strukturmodellebene auf Multikollinearität eine Überprüfung erfahren. Der bereits bekannte VIF kann auch auf Strukturmodellebene Verwendung finden. Die dafür notwendige Regressionsanalyse wird jedoch nicht mehr auf Indikatorbasis durchgeführt, stattdessen kommen hier die Konstruktwerte zum Einsatz. Diese lassen sich mittels der von PLS berechneten Indikatorgewichte bestimmen. Hierzu werden über alle Probanden die nicht eliminierten Indikatoren mit deren berechneten Gewichten zu einem gewichteten Mittelwert verrechnet. Diese Konstruktwerte pro Proband dienen dann als Input für die analog zur Messmodellebene durchzuführende Regressionsanalyse. Mittels der im vorherigen Abschnitt dargestellten Formel lässt sich daraufhin der VIF berechnen. Dieser sollte ebenfalls den Wert von 10 nicht übersteigen, um Multikollinearität auf Strukturmodellebene ausschließen zu können (*Huber et al.* 2007, S. 43).

Verwendet der Forscher im Zielkonstrukt eine reflektive Operationalisierung, so lässt sich weiterführend auch die Vorhersagevalidität auf Strukturmodellebene beurteilen. Hierzu kann analog zur Messmodellebene Stone-Geissers Q^2 verwendet werden. Dieser Wert wird in PLS mittels der sogenannten "Blindfolding-Prozedur" berechnet, bei dem systematisch ein Teil der Rohdatenmatrix als fehlend angenommen wird (*Chin* 1998, S. 39). Auch im Strukturmodell sollte Q^2 einen Wert größer Null annehmen, damit von Vorhersagerelevanz des Strukturmodells ausgegangen werden kann (*Huber et al.* 2007, S. 43).

4.2.5 Der Gruppenvergleich

Das Ziel eines Gruppenvergleichs besteht darin, den Einfluss von sogenannten moderierenden Variablen oder Moderatoren auf die Modellzusammenhänge zu überprüfen. Denn oftmals lassen sich weitere Untersuchungsergebnisse erzielen, wenn man die Stichprobe nicht als Ganzes untersucht, sondern sie in Segmente bzw. Gruppen unterteilt. Diese Segmente werden dann getrennt auswertet und miteinander verglichen. Eine Unterteilung ist demnach anhand jener Moderatoren vorzunehmen, deren Einfluss auf die Modellzusammenhänge untersucht werden soll. Als moderierende Variablen können verschiedene, personen- oder persönlichkeitsbezogene Kriterien wie bspw. das Alter, das Geschlecht oder das Produktinvolvement eines Probanden zum Einsatz kommen (*Huber et al.* 2007, S. 117f.).

Um die Einflüsse von moderierenden Variablen auf die Modellzusammenhänge zu überprüfen, kann der Gruppenvergleich nach *Chin* verwendet werden. Dieser untersucht das für unterschiedliche Erhebungspopulationen geschätzte Modell auf signifikante Unterschiede in den Schätzern. Der Gruppenvergleich nach *Chin* darf jedoch nur bei Messmodellinvarianz verwendet werden. Um diese Forderung nach Messmodellinvarianz weitestgehend erfüllen zu können, muss jedes Konstrukt in den zu vergleichenden Modellen mit genau den gleichen Indikatoren gemessen werden. Ist dies sichergestellt, gilt es die Modellparameter für jede gebildete Gruppe separat zu schätzen. Hier bietet sich vor allem eine Analyse der Bestimmtheitsmaße R^2 sowie der Vorhersagevalidität mit Stone-Geissers Q^2 an. Darauf aufbauend lässt sich nun überprüfen, ob eventuelle Unterschiede in den errechneten Koeffizienten signifikant sind, oder ob sich keine Unterschiede identifizieren lassen. Um dies beurteilen zu können, wird der t-Wert für die Differenz zwischen den Schätzern berechnet. Der Wert folgt einer t-Verteilung mit m+n-2 Freiheitsgraden und lässt sich über folgende Formeln berechnen (*Huber et al.* 2007, S. 118):

$$t = \frac{p_{gr1} \quad p_{gr2}}{SP * \sqrt{\frac{1}{m} \quad \frac{1}{n}}}$$

$$mit\ :SP = \sqrt{\frac{m \quad 1}{m \quad n \quad 2} * SE_{gr1}^{\ 2} \qquad \frac{n \quad 1}{m \quad n \quad 2} * SE_{gr2}^{\ 2}}$$

Dabei bezeichnet n die Größe der ersten, m den Umfang der zweiten Gruppe von Probanden. pgr1 bzw. pgr2 fungieren als Schätzer des Originalsamples bezüglich der interessieren den Modellassoziation x in der ersten bzw. zweiten Gruppe. SEgr1 und SEgr2 bezeichnen die Standardfehler des für das Modell generierten Bootstrap-Samples.

4.3 Konzeption der Studie und Operationalisierung der Konstrukte

Um das konzipierte Modell zur Beteiligung am Open Innovation-Prozess empirisch zu überprüfen, bedarf es zunächst der Spezifikation der Untersuchungssituation sowie der Operationalisierung der Konstrukte. Im Anschluss sollen in diesem Abschnitt das Untersuchungsfeld sowie die Ergebnisse der Befragung zum Thema Open Innovation aufgezeigt werden. Ziel hierbei ist es, Qualifikations- und Motivationsmerkmale zu identifizieren, die für Open Innovation-Aktivitäten Relevanz besitzen. Ferner soll der Einfluss dieser Merkmale auf die Teilnahmebereitschaft dieser Aktivitäten untersucht werden.

Operationalisierung der unabhängigen Variablen

Alle Konstrukte des Kernmodells wurden einheitlich als siebenstufige Likert-Skalen erfasst. Die Operationalisierung des einzigen exogenen Konstrukts Involvement orientierte sich an dem von *Loevennich* reduzierten Messansatz (siehe *Tabelle 2*), welcher eine Modifikation des Inventars von *Gierl et al.* darstellt (*Loevenich* 2002, S. 184). In der Literatur findet sich zudem häufig die Skala von *Zaichkowsky* (1985, S. 350), welche sich jedoch nicht für die vorliegende Untersuchungssituation eignet, da zur Messung eine bipolare Skala von 20 Items in Form eines semantischen Differenzials verwendet wurde. Wegen der großen Anzahl an Items schien diese Operationalisierung daher als ungeeignet.

Operationalisierung der abhängigen Variablen

Zur Messung des Verwendungs- und Objektwissen werden die von *Lüthje* herangezogenen Fragen zur Operationalisierung der beiden Wissensarten zusammengefasst und in einer formativen Skala verdichtet (*Lüthje* 2000, S. 254f.). Die formative Operationalisierung wurde verwendet, um die verschiedenen Facetten des Produktwissens adäquat abbilden zu können (siehe *Tabelle 2*).

Die in der Literatur zu findende Operationalisierung für das Konstrukt „Unzufriedenheit“ lehnt sich ebenfalls an die Items von *Lüthje* an. Zu bemängeln ist jedoch, dass die Unzufriedenheit in seinem Messmodell lediglich durch ein Item gemessen wurde. Daher wurde in dieser Untersuchung die Unzufriedenheit zusätzlich durch deren Treiber operationalisiert. Hierzu mussten zunächst jene Eigenschaften von Computerprodukten ausfindig gemacht werden, die bei den Kunden (Case-Moddern) maßgeblich zu einer eventuell vorhandenen Unzufriedenheit führen. Dazu wurde im Vorfeld der Befragung eine kleine Gruppe von ca. 20 Case-Moddern zu ihren Erfahrungen mit Computerprodukten befragt, um so die Treiber für deren Unzufriedenheit festzustellen. Als wesentliche Elemente konnten der Preis, die Qualität der Verarbeitung, das Aussehen bzw. Design, sowie die technische Leistungsfähigkeit der Produkte identifiziert werden. Außerdem wurde für das Konstrukt eine formative Operationalisierung gewählt. Zum einen besitzt das Konstrukt Unzufriedenheit, ähnlich wie schon das Konstrukt Verwendungs- und Objektwissen, offensichtlich mehrere, inhaltlich differierende Facetten. Damit wäre eine bei reflektiver Operationalisierung notwendige, hohe Korrelation der Items nicht zwingend gegeben. Andererseits verursachen die Items einzeln bzw. in Summe die Unzufriedenheit mit einer Produktkategorie. Aufgrund der Richtung der Kausalität ist also ebenfalls eine formative Operationalisierung zu wählen.

Aus dem vorigen Abschnitt ist deutlich geworden, dass die Entwicklung neuer Bedürfnisse zum Kern der Definition des Lead Users durch *von Hippel* zählt: "In aller Regel äußert sich das Vorhandensein neuer, unerfüllter Bedürfnisse [...] darin, dass diese durch das bestehende Produktangebot nicht abgedeckt werden“ (*Soll* 2006, S. 114). Diese Aussage stellt zum einen den Kern der Items zur Operationalisierung von neuen Bedürfnissen dar, zum anderen gibt es bereits einen Hinweis auf eine reflektive Operationalisierungsform. Deren Ausprägungen ändern sich nämlich in Gänze, wenn sich das zugrunde liegende Konstrukt verändert. Aus diesen Gründen wurde für das Konstrukt "Neue Bedürfnisse“ eine reflektive Operationalisierung gewählt. In der Untersuchung *Lüthjes* ist dieses Konstrukt lediglich auf Basis eines Indikators gemessen worden. Da dies in der vorliegenden Studie vermieden werden sollte, sich jedoch keine anderen Items zur Operationalisierung von neuen Bedürfnissen finden ließen, mussten diese selbst erstellt werden. Hierzu wurde der von *Lüthje* verwendete Indikator umgeschrieben und zudem invers formuliert.

Um das Konstrukt „Intrinsische Motivation" zu operationalisieren, muss zunächst untersucht werden, welche Motive im Open Innovation-Bereich in Summe diese Motivation bilden. Hierfür wurde u. a. auf eine Studie von *Motzek* zurückgegriffen, der in seiner explorativen Untersuchung die aus der Open Source-Programmierung bekannten Motive auf deren Gültigkeit im Rahmen von Open Innovation-Aktivitäten untersuchte (2007, S. 36ff.). Aus seinen Interviews resultierte ein Motivkatalog, der sich in intrinsische, extrinsische und soziale Motive gliedert (*ebd.* 2007, S. 45f.). Die intrinsische Motivation lässt sich dabei in die Teilbereiche „Spaß an der Tätigkeit", „Freiheit in der Tätigkeit" und dem „Wunsch nach Lernen und intellektuell fordernder Arbeit" untergliedern. Zusätzlich wurde die „Reputation in der Community" als intrinsisches Motiv integriert, welches allerdings von *Motzek* zu den sozialen Motivationen gerechnet wurde (*ebd.* 2007, S. 46). Um dem Gedanken eines parsimonious modelling zu entsprechen, erfolgte keine separate Modellierung der sozialen Motive, da zur Erklärung dieser mehrere Konstrukte auf Eigenschaftsebene integriert hätten werden müssen. Aus den geschilderten Überlegungen machte es Sinn, dass Konstrukt „Intrinsische Motivation" als ein sogenanntes Konstrukt höherer Ordnung zu verwenden, um den Einfluss der unterschiedlichen Dimensionen von intrinsischer Motivation besser beurteilen zu können (*Lohmöller* 1989, S. 130). Für die formative Operationalisierung wurde wiederum auf Fragebögen aus dem Bereich der Open Source Forschung zurückgegriffen, die mit dem Flow-Konstrukt viele Teile der intrinsischen Motivation abdecken (*Czikszentmihalyi* 1999; FASD) und Ergänzungen aus dem *Motzek*-Interview seine Vollständigkeit erfährt (siehe *Tabelle 2*).

Bezüglich der extrinsischen Motivation erfolgt das Vorgehen zur formativen Operationalisierung analog zum letztgenannten Konstrukt und verweist wiederum auf die Studie von *Motzek*. Zur Gewinnung der Items wurden wieder Fragen aus dem FASD-Fragebogen verwendet und auf die eigene Thematik umformuliert.

Indikator	Item	Cronbachs α
Reputation in der Community	**Imc2**	
Ich möchte mein Ansehen bei anderen Case Moddern steigern.	Im2	0,742
Ich möchte etwas zu Case Modding-Community beitragen.	Im3	
Spaß an der Tätigkeit	**Imc1**	
Es macht mir Spaß zu basteln und mich mit meinem Computergehäuse zu beschäftigen.	Im1	0,788
Es gibt viele Dinge, die ich lieber tun würde.	Im4	
Ich freue mich schon vorher aufs Case Modding.	Im5	
Wunsch nach lernen und intellektuell fordernder Arbeit	**Imc3**	
Beim Case Modding fühle ich mich geistig gefordert.	Im6	
Beim Case Modding fühle ich mich kreativ.	Im7	0,851
Ich möchte meine Fähigkeiten und Kenntnisse verbessern.	Im9	
Ich möchte meine Fähigkeiten und Kenntnisse mit anderen teilen.	Im10	
Freiheit in der Tätigkeit	**Im8**	
Beim Case Modding fühle ich mich frei von Vorschriften und kann alles selbst entscheiden.	Im8	---

Tabelle 2: Items zur Messung der intrinsischen Motivation

Für das Zielkonstrukt „Teilnahmebereitschaft" wurden die Verhaltensintention aus Studien von *Mattarelli* einerseits und *Lin* andererseits mit der Planungshilfe verglichen, Gemeinsamkeiten übernommen und so eine neue, für die Teilnahmebereitschaft passende, Operationalisierung der Verhaltensintention geformt (*Lin* 2006, S. 543; *Mattarelli* 2007, S. 110). Des Weiteren wurde ein reflektives Konstrukt unterstellt, da sich die Werte der betreffenden Items des latenten Konstrukts ändern, wenn sich das latente Konstrukt ändert.

Operationalisierung der moderierenden Variablen

Die soziale Kompetenz wurde in Anlehnung an *Reißig* modelliert. In einer ihrer Studien erprobt sie den Einsatz des sogenannten DJI-Portfolios, welches am deutschen Jugendinstitut ev. für die Erfassung von sozialen Kompetenzen bei Jugendlichen entwickelt wurde (*Reißig* 2007). Da sich die Befragung an eine eher junge Zielgruppe wendet, wurde dieses Portfolio als zielführend und nützlich erachtet. Das DJI-Portfolio wurde zwar für Jugendliche entwickelt, jedoch betont die Autorin, dass es sich nicht auf den Einsatz bei dieser Zielgruppe beschränken muss. Im Rahmen dieses Portfolios wird die Soziale Kompetenz durch mehrere Einussfaktoren determiniert. Hierzu gehören die Teamfähigkeit, Konfliktfähigkeit, Belastbarkeit, Kommunikationsfähigkeit und Organisationsfähigkeit. Dabei wurde jedoch eine komplette Berücksichtigung und Modellierung aller Faktoren für eine moderierende Variable als zu weitgehend empfunden und nur die Einflussfaktoren berücksichtigt, die aufgrund logischer Überlegungen den stärksten Einfluss auf das Modell versprechen. Die als geeignet empfundenen Fragen sind dann zur Operationalisierung des Konstrukts soziale Kompetenz verwendet worden. Da das Konstrukt soziale Kompetenz wie beschrieben aus zwei verschiedenen, inhaltlich differierenden Facetten besteht, wurde eine formative Form der Operationalisierung gewählt.

4.4 Darstellung der Schätzergebnisse

4.4.1 Güte des Messmodells

Insgesamt gaben 200 Probanden Auskunft, wobei sich die Stichprobe aus 76,5% Community-Mitgliedern und 23,5% Nicht-Mitgliedern zusammensetzte. Zur Überprüfung der Güte der Operationalisierungen und der Hypothesen wurde das Partial Least Squares-Verfahren (PLS) angewandt, da PLS als varianzbasiertes Verfahren die bestmögliche Vorhersage von Zielvariablen zum Ziel hat, und damit eine geeignete Basis für die Ableitung von managementorientierten Implikationen bietet (*Herrmann et al.* 2006, S. 44). Des Weiteren stellt PLS nur geringe Anforderung an das Datenmaterial (*Fornell/Cha* 1994, S. 55). Im Rahmen der Auswertung erfolgte zunächst eine Überprüfung des Messmodells und anschließend des Strukturmodells.

Da es sich bei dem untersuchten Modell bei den Konstrukten um reflektive als auch formative Operationalisierungen handelt, wurden die von *Herrmann et al.* (2006) empfohlenen Kriterien zur Überprüfung der Güte des Messmodells herangezogen. Diese umfassen zum einen für reflektive Konstrukte Höhe sowie Signifikanz der Indikatorladungen, Faktorreliabilität, durchschnittlich erfasste Varianz (DEV), Diskriminanz- und Vorhersagevalidität sowie die Unidimensionalität. Zum anderen werden bei formativen Konstrukten die Diskriminanzvalidität als auch das nicht Vorhandensein von Multikollinearität überprüft (*Herrmann et al.* 2006, S. 56f.).

Es musste insgesamt nur ein Item aufgrund zu geringer Ladung (<0,78) eliminiert werden (siehe *Tabelle 3*). Alle anderen Indikatoren weisen akzeptable bis sehr hohe Ladungen auf und sind zudem signifikant (p<0,01). Hinsichtlich der formativ operationalisierten Konstrukte wurde für die Dimension „Spaß an der Tätigkeit“ zunächst ein Wert für Cronbachs α von 0,675 berechnet. Bei einer Bereinigung der Dimension um das negativ formulierte Item Im4 konnte allerdings eine Steigerung von Cronbachs α auf 0,788 erreicht werden, weshalb sich für einen Ausschluss des Items zugunsten der Erklärungsgüte entschieden wurde. Dabei ist wissentlich in Kauf genommen worden, dass durch die Eliminierung eines Faktors im formativen Messmodell der Erklärungsrahmen des Konstrukts verschoben wird (*Bollen/Lennox* 1991, S. 308; *Jarvis et al.* 2003, S. 202). Da jedoch ein Indikator und keine Dimension eliminiert wurde, kann dies zugunsten der höheren Erklärungsgüte als vertretbar angesehen werden (*Vollhardt* 2007, S. 136).

Konstrukt	Operationalisierung	Ladung/ Gewicht (t-Wert)*
Involvement	• Ich interessiere mich sehr für Case Modding.	0,907 (53,23)
	• Case Modding hat für mich eine hohe Bedeutung.	0,91 (50,99)
	• Ich mache mir viel aus Case Modding.	0,87 (38,63)
	• Case Modding macht mir Spaß.	0,89 (46,58)
	• Case Modding finde ich interessant.	0,79 (21,44)
Verwendungs- und Objektwissen	• Ich beschäftige mich häufig mit Case Modding.	0,75 (6,10)
	• Ich verfüge über technisches Wissen im Bereich Case Modding.	0,17 (1,24)
	• Ich kenne mich mit Materialien im Bereich Case Modding aus.	0,04 (0,33)
	• Ich nutze meinen Computer und mein Gehäuse intensiv.	0,37 (3,17)
	• Ich habe einen guten Überblick über die am Markt verfügbaren Produkte.	-0,10 (0,96)
	• Ich habe Erfahrung aus eigenen Projekten im Bereich Case Modding.	-0,13 (0,99)
Unzufriedenheit	• Ich bin mit den am Markt käuflichen Produkten insgesamt unzufrieden.	0,30 (1,70)
	• Ich bin mit der Qualität der am Markt käuflichen Produkte unzufrieden.	0,21 (1,07)
	• Ich bin mit dem Preis der am Markt käuflichen Produkte unzufrieden.	0,14 (0,61)
	• Ich bin mit dem Aussehen der am Markt käuflichen Produkte unzufrieden.	0,40 (2,30)
	• Ich bin mit der Leistung der am Markt käuflichen Produkte unzufrieden.	0,16 (0,85)
Neue Bedürfnisse	• Ich habe neue Bedürfnisse an Computerprodukte, die mit den bestehenden Produkten nicht befriedigt werden können.	0,88 (49,01)
	• Kein auf dem Markt erhältliches Produkt erfüllt alle meine Anforderungen.	0,88 (40,06)
	• Die am Markt erhältlichen Produkte erfüllen voll und ganz meine Bedürfnisse.	0,081 (12,92)
Intrinsische Motivation	• Spaß an der Tätigkeit	0,37 (3,64)
	• Reputation in der Community	0,63 (6,36)
	• Wunsch nach lernen und intellektuell fordernder Arbeit	0,23 (1,71)
	• Freiheit in der Tätigkeit	-0,11 (0,90)

Konstrukt	Operationalisierung	Ladung/ Gewicht (t-Wert)*
Extrinsische Motivation	• Ich möchte das neue Case Modding-Produkt selbst verwenden.	0,34 (2,21)
	• Ich verspreche mir einen hohen Nutzen von dem neuen Case Modding-Produkt.	0,58 (4,29)
	• Ich möchte für meine Mithilfe an der Entwicklung des Case Modding-Produkts bezahlt werden.	0,09 (0,46)
	• Ich möchte in irgendeiner Form für meine Mithilfe an der Entwicklung des Case Modding-Produkts entschädigt werden.	0,06 (0,39)
	• Ich möchte meine beruflichen Perspektiven verbessern.	0,35 (2,62)
Teilnahmebereitschaft	• Ich möchte gern zusammen mit einem Unternehmen ein neues Case Modding-Produkt entwerfen.	0,95 (44,91)
	• Ich beabsichtige in Zukunft zusammen mit einem Unternehmen an einer Produktinnovation zu arbeiten.	0,73 (7,94)
	• Ich habe nicht vor in Zukunft zusammen mit einem Unternehmen ein neues Produkt zu entwerfen.	eliminiert
Moderator		
Soziale Kompetenz	• Ich höre anderen zu. • Ich lasse andere ausreden. • Ich gehe gern auf andere Menschen zu. • Ich habe kein Problem damit, andere um Hilfe zu fragen. • Ich nehme gern Hilfe von anderen an. • Ich helfe selbst gern anderen. • Ich löse Probleme gern im Team. • Im Team kann ich auch zurückstecken.	(keine Gütewerte, da moderierende Variable)
		*alle nicht eliminierten Indikatoren signifikant (p<0,01)

Tabelle 3: Operationalisierung der latenten Variablen

Zur Evaluierung der Konvergenzvalidität werden üblicherweise die Faktorreliabilität und die DEV herangezogen (*Fornell/Cha* 1994, S. 96). Da alle im Modell untersuchten reflektiven Konstrukte sowohl eine Faktorreliabilität von mindestens 0,7 als auch eine DEV von über 0,6 erreichten (siehe *Tabelle 4*), kann von einer guten Konvergenzvalidität des Messmodells ausgegangen werden. Die Diskriminanzvalidität wird durch das *Fornell-Larcker*-Kriterium bestimmt, wonach gefordert wird, dass die DEV eines Konstrukts größer als jede quadrierte Korrelation zwischen diesem und einem anderem Konstrukt des Modells ist (*Hulland* 1999, S. 199f.). Zur Überprüfung der Vorhersagevalidität dient dagegen *Stone-Geissers* Q^2, welches größer als Null sein sollte (*Herrmann et al.* 2006, S. 57). Auch diese beiden Kriterien sind im Modell bei allen drei latenten Variablen erfüllt (siehe *Tabelle 4*). Als letztes Gütekriterium wurde die Unidimensionalität des Messmodells mittels einer konfirmatorischen Faktoranalyse analysiert. Dabei zeigte sich, dass die Indikatoren eines Konstrukts lediglich untereinander und nicht mit Indikatoren anderer Konstrukte korrelieren und somit von Unidimensionalität ausgegangen werden kann. Des Weiteren konnten hinsichtlich der formativ operationalisierten Konstrukte oben genannte Gütekriterien hinreichend erfüllt werden (siehe *Tabelle 5*).

Konstrukt	Faktor-reliabilität	DEV	Fornell-Larcker	Q^2	Uni-dim.
Involvement	0,94	0,76	erfüllt	0,62	erfüllt
Neue Bedürfnisse	0,89	0,73	erfüllt	0,44	erfüllt
Teilnahmebereitschaft	0,83	0,72	erfüllt	0,22	erfüllt

Tabelle 4: Werte der Gütekriterien des Messmodells für reflektive Konstrukte

Konstrukt	Diskriminanzvalidität	Multikollinearität (VIF<10)
Verwendungs- und Objektwissen	erfüllt	0,44 0,74 0,71 0,44 0,44 0,61
Unzufriedenheit	erfüllt	0,56 0,57 0,31 0,52 0,58
Intrinsische Motivation	erfüllt	0,34 0,61 0,63 0,44
Extrinsische Motivation	erfüllt	0,27 0,33 0,44 0,42 0,29

Tabelle 5: Werte der Gütekriterien des Messmodells für formative Konstrukte

4.4.2 Schätzung des Kausalmodells für die gesamte Stichprobe

Nachdem die Güte des Messmodells bestätigt werden konnte, gilt es nun, die theoretisch postulierten Hypothesen im Rahmen des Strukturmodells zu testen, um eine Aussage über die nomologische Validität des Modells zu treffen. Die Strukturparameter geben Aufschluss über die Einflussstärke eines Konstrukts auf ein kausal nachfolgendes. Besonderes Augenmerk ist dabei auf die durch PLS ermittelten Pfadkoeffizienten zu legen. Entscheidend sind hier die

Höhe und Signifikanz der Parameter, die Aufschluss darüber geben, ob die Hypothesen zutreffen oder verworfen werden müssen (*Ringle* 2004, S. 15; *Herrmann et al.* 2006, S. 58).

Im untersuchten Modell mussten die Hypothesen H3, H5 und H6 als nicht signifikant verworfen werden, während H2, H7, H9, H11 und H13 auf einem 10-prozentigen und H1, H4, H8, H10 und H12 gar auf einem 5-prozentigen Signifikanzniveau angenommen werden konnten. Wie gezeigt, besitzt das Involvement innerhalb der Innovationsfähigkeit eine starke Wirkung auf das Verwendungs- und Objektwissen. Somit kann gefolgert werden, dass Personen, die sich häufig mit Case Modding beschäftigen, sich gleichzeitig Wissen in diesem Bereich aneignen, da sie sich intensiv und motiviert mit den dargebotenen Informationen auseinandersetzen. Für Unternehmen die ein Open Innovation-Projekt im Bereich Case-Modding durchführen, sind solche Personen demnach hochinteressant, weil sie über eine besondere Innovationsfähigkeit verfügen. Der indirekte Effekt des Verwendungs- und Objektwissen über die Unzufriedenheit von 0,1194 auf die neuen Bedürfnisse ist hingegen überraschend: Dies liegt vor allem am starken Zusammenhang zwischen der Unzufriedenheit einer Person mit deren neuen Bedürfnissen. Daraus lässt sich folgern, dass Personen, die mit Computerprodukten unzufrieden sind, wesentlich häufiger neue Bedürfnisse an diese stellen, als zufriedene Personen. An dieser Stelle kommt das Verwendungs- und Objektwissen ins Spiel. Ähnlich wie bei der Unzufriedenheit löst das spezifische Wissen in diesem Bereich allein noch keine neuen Bedürfnisse aus. Erst wenn eine Unzufriedenheit mit Produkten auf dem Markt auftritt, ist der fortschrittliche Kunde aufgrund seines spezifischen Wissens in der Lage, die Gründe für seine Unzufriedenheit explizit zu benennen und daraus neue Anforderungen an ein Produkt zu stellen, die seiner Soll-Vorstellung entsprechen und somit seine Unzufriedenheit beseitigen. Die Unzufriedenheit würde somit als Enabler und Auslöser eines Prozesses wirken, an dessen Ende klare Vorstellungen über nutzenbringende Produktattribute stehen, die jedoch durch kein anderes Produkt auf dem Markt abgedeckt werden können.

Der Hypothesentest zeigt weiterhin, dass nur zwei der vier postulierten Wirkungen auf die extrinsische Motivation, nämlich der Einfluss des Verwendungs- und Objektwissen sowie das Produktinvolvement, nachgewiesen werden konnten. Des Weiteren lässt sich der Einfluss auf die intrinsische Motivation ebenfalls nicht falsifizieren. Zudem bestätigten die empirischen Daten den Einfluss der Innovationsbereitschaft, i. S. extrinsischer und intrinsischer Motivation, auf die Teilnahmebereitschaft am Open Innovation-Prozess, sowie den positiven Einfluss extrinsischer auf intrinsischer Motivation. Dies spricht eher für die Internalisierung von externen Motivationen, als das zuerst von einem Crowding-Out Effekt zwischen den beiden Motivationsarten ausgegangen wurde. Daher konnte diese Hypothese nicht beibehalten werden. Nach obigen Erkenntnissen sind besonders Kunden zur Teilnahme an einem Open Innovation-Projekt motiviert, die das neue Produkt im Anschluss an das Projekt selbst nutzen wollen, weil sie sich dadurch einen hohen Nutzen und/oder eine persönliche Problemlösung erwarten. Allein die Aussicht auf diesen Nutzen steigert die Motivation, an der Produktinnovation mitzuhelfen, um so in den "Genuss“ dieses Nutzens zu gelangen. Demgegenüber ist die klassische extrinsische Motivation durch finanzielle Anreize oder sonstige Entschädigungen im Open Innovation-Bereich von untergeordneter Bedeutung. Daraus lässt sich folgern, dass sämtliche Aussichten auf Geld oder andere Entschädigungen allein einen fortschrittlichen Kunden nicht zur Teilnahme an einem Open Innovation-Projekt bewegen können. Es zeigte sich vielmehr, dass die Aussicht auf Eigenverwendung des innovativen Produktes als ebenso wichtig wie eine Verbesserung der beruflichen Perspektiven erachtet wird. Somit kann gefolgert werden, dass sich die extrinsischen Motivationen eher auf einem langfristigen als auf eine kurzfristigen Nutzen stützen.

Den stärksten Einfluss innerhalb der intrinsische Motivation übt die Reputation in der Community aus. Daraus lässt sich schließen, dass das Ansehen eines Case-Modders in seiner Community für ihn ein wesentliches Motiv zur Teilnahme an einem Open Innovation-Prozess darstellt. Dieses Ergebnis stützt die These der Autoren *Hertel* und *Niedner*, die soziale Motiven besonders dann für bedeutend erachten, wenn das eigene Verhalten in einer Gruppe für andere Gruppenteilnehmer sichtbar und damit beurteilbar ist (*Hertel et al.* 2003, S. 124ff.). Im Modell wurde die extrinsische Motivation durch sämtliche Innovationsfähigkeiten bedingt. Das Produktinvolvement sowie das Verwendungs- und Objektwissen besitzen dabei ungefähr die gleiche Bedeutung für die extrinsische Motivation. Dies spricht dafür, dass Case-Modder allein durch ihr Interesse und ihr Wissen im Bereich Case-Modding dazu motiviert sind, an innovativen Tätigkeiten teilzunehmen. Dass die extrinsische Motivation zur Teilnahme an einem Innovationsprojekt wohl nicht aus einem Wunsch nach Problemlösung resultiert, lässt sich anhand der verworfenen Einflüsse der Unzufriedenheit mit Computerprodukten zum einen und der neuen Bedürfnisse an diese zum anderen erkennen. So sind Case-Modder zwar z. T. unzufrieden mit auf dem Markt erhältlichen Produkten und stellen auch neue Anforderungen an diese. Dies bewegt sie jedoch noch lange nicht zur Teilnahme an einem Innovationsprojekt. Mehrere Gründe sind hierfür denkbar. So sind Case-Modder aufgrund ihres hohen spezifischen Wissens nicht auf die Teilnahme in einem Open Innovation-Projekt angewiesen, um ihre Probleme zu lösen oder für sie persönlich "Nutzen bringende“ Produkte zu entwerfen. Sowohl die Wirkung des Produktinvolvement als auch des Verwendungs- und Objektwissens auf die intrinsische Motivation konnten im Modell ebenfalls nachgewiesen werden. Demnach steigert sowohl das Interesse für Case-Modding als auch das Wissen auf diesem Gebiet die intrinsische Motivation zum Entwurf eines neuen Produktes in Kooperation mit einem Unternehmen. Die Bedeutung dieser Konstrukte ist jedoch für die intrinsische Motivation teilweise doppelt so hoch wie für die extrinsische Motivation. Dies spricht dafür, dass das Wissen und das Interesse in einer Produktkategorie für den Prozess an sich eine höhere Bedeutung besitzen, als für das Ergebnis des Prozesses. Betrachtet man die Zusammenhänge der Motivationskomponenten mit der Teilnahmebereitschaft, so stellt sich eine weit höhere Bedeutung der extrinsischen Motivation für die Teilnahmebereitschaft an einem Innovationsvorhaben heraus. Dies impliziert, dass das Ergebnis des Prozesses für die beteiligten Case-Modder wichtiger ist, als die Tätigkeit an sich. Eine Übersicht über die errechneten Pfadkoeffizienten und t-Werte gibt Abbildung 10 (gestrichelte Linien nicht signifikant bei $p<0,1$).

Da PLS auf die Erklärung der Varianz aller endogenen Konstrukte abzielt, lässt sich die Güte des Strukturmodells zusätzlich mit dem Bestimmtheitsmaß R^2 überprüfen, welches den Anteil der Varianz eines Konstrukts angibt, der durch die kausal vorgelagerten Größen erklärt werden kann (*Albers/Hildebrandt* 2004, S. 30; *Fornell/Cha* 1994, S. 69; *Hulland* 1999, S. 202; *Ringle* 2004, S. 14f.). Als Mindestanforderung für R^2 wird in der Literatur ein Wert von größer 0,3 für jede abhängige latente Variable genannt (*Ringle* 2004, S. 14).

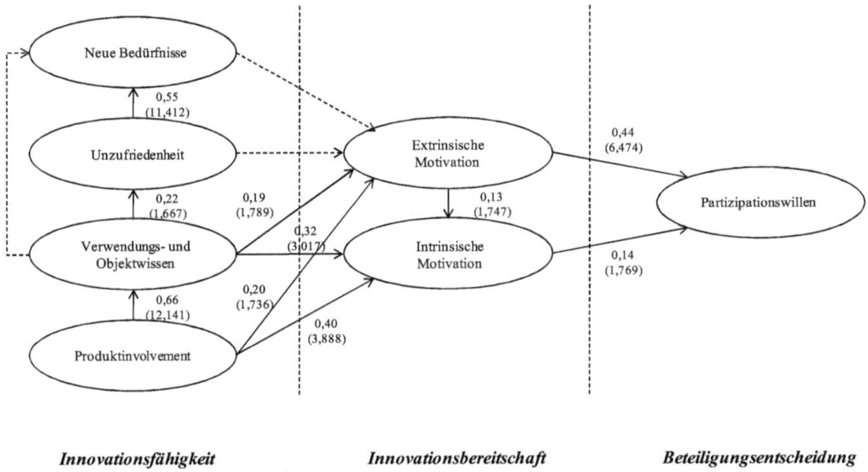

Abbildung 10: Pfadkoeffizienten des Modells zum Innovationsverhalten fortschrittlicher Kunden

Als weiteres Gütekriterium für das Strukturmodell eignet sich ein auf Strukturebene berechnetes Q^2 nach *Stone-Geisser*. Es gibt an, wie gut die für die endogenen reflektiven Konstrukte gemessenen Werte durch eine Schätzung auf Basis der berechneten Modellparameter rekonstruiert werden können. Wie auch beim Q^2 auf Messmodellebene ist die Vorhersagerelevanz einer latenten abhängigen Variable gegeben, wenn Q^2 auf Strukturebene einen Wert über Null annimmt (*Fornell/Cha* 1994, S. 71f.; *Herrmann et al.,* 2006, S. 58; *Ringle* 2004, S. 17). Tabelle 6 ist zu entnehmen, das für die Konstrukte „Unzufriedenheit“, „Extrinsische Motivation“ und „Teilnahmebereitschaft“ das erstgenannte Kriterium nicht ausreichen gut erfüllt wurden. Dieses Ergebnis deutet darauf hin, dass weitere, nicht im Modell enthaltene Größen, die drei genannten Konstrukte in erheblichem Maße determinieren. Für die übrigen drei endogenen Konstrukte, Verwendungs- und Objektwissen, Neue Bedürfnisse und Intrinsische Motivation, erfüllt R^2 die Mindestanforderungen. So wird zum Beispiel die Varianz der Intrinsischen Motivation zu 44% durch ihre Prädiktoren erklärt.

Konstrukt	R^2	Q^2
Verwendungs- und Objektwissen	0,44	erfüllt
Unzufriedenheit	0,01	nicht erfüllt
Neue Bedürfnisse	0,33	erfüllt
Extrinsische Motivation	0,14	nicht erfüllt
Intrinsische Motivation	0,44	erfüllt
Teilnahmebereitschaft	0,26	erfüllt

Tabelle 6: R^2- und Q^2-Werte für das Strukturmodell

4.4.3 Schätzung des Kausalmodells für die moderierenden Effekte

Zur Klärung des Einflusses der moderierenden Variablen dienten Gruppenvergleiche nach dem von *Chin* (2000) empfohlenen Vorgehen, wobei die Pfadkoeffizienten der als signifikant bestätigten Hypothesen der zu untersuchenden Gruppen einem t-Test unterzogen wurden, um herauszufinden, ob signifikante Unterschiede zwischen den Gruppen vorliegen.

Der moderierende Einfluss der Mitgliedschaft in einer Case-Modding Community (H15), welche im deskriptiven Teil des Fragebogens abgefragt wurde, ist in einem der beiden durchgeführten Gruppenvergleiche analysiert worden. Auf diese Weise konnte für die moderierende Variable „Community-Mitgliedschaft" ein signifikanter Unterschied bezüglich H1 und H6 bestätigt werden ($p<0,1$, siehe *Tabelle 7*). Eine Segmentierung der Stichprobe anhand dieses Kriteriums ergab eine Verteilung von 153 Community-Mitgliedern und 47 Probanden ohne Mitgliedschaft. Bei einer Analyse der Pfadkoeffizienten konnten lediglich die Hypothesen H1, H4, H10 und H12 für beide Schätzungen eine Bestätigung erfahren. In der Stichprobe mit Community-Mitgliedschaft sind zusätzlich die Hypothesen H8, H11 und H13 bestätigt worden; ohne Mitgliedschaft konnten dafür die Hypothesen H6 und H9 bestätigt werden. Interessanterweise sind somit in beiden Gruppenvergleichen die Hypothesen H8 und H11 nur für eine Gruppe, H9 dagegen für die jeweilige Vergleichsgruppe bestätigt worden. Wie bereits erwähnt, stellten sich für die Pfadkoeffizienten zwei signifikante Unterschiede heraus. So ließ sich für das Produktinvolvement in der Stichprobe ohne Community-Zugehörigkeit ein wesentlich höherer Einfluss auf das Verwendungs- und Objektwissen nachweisen. Ebenfalls für die Gruppe ohne Community-Zugehörigkeit bestätigte sich Hypothese H6 und besitzt einen signifikanten Unterschied zu der Gruppe der Mitglieder. Demnach besitzt die Unzufriedenheit lediglich bei Personen ohne Mitgliedschaft in einer Case-Modding-Community einen signifikanten Einfluss auf die extrinsische Motivation. Unzufriedene Kunden haben folglich eine weitaus größere Motivation ihr Problem eigenständig zu lösen, da sie nicht auf das Wissen der Community zurückgreifen. Hinsichtlich der Hypothesen H9 und H10 kann man von einer Tendenz sprechen, dass das Produktinvolvement einer Person ohne Community-Mitgliedschaft einen höheren Einfluss auf deren extrinsische sowie intrinsische Motivation besitzt. Ein Vergleich mit der zweiten Gruppe zeigt ähnliche Ergebnisse. Auch hier erhöhte sich bei niedriger sozialer Kompetenz der Einfluss des Produktinvolvement auf die extrinsische sowie intrinsische Motivation.

Die Einteilung der Probanden in weniger und starker sozialer Kompetenz erfolgte anhand der Angaben der Probanden zu den acht zur Evaluierung der sozialen Kompetenz eingesetzten siebenstufigen Indikatoren (wenig: $\mu_{soziale\ Kompetenz}<5,75$; hoch: $\mu_{soziale}$ Kompetenz$\geq$5,75) (siehe *Tabelle 2*). Es zeigte sich, dass in beiden Stichproben einige Hypothesen verworfen werden müssen. So können in den getrennten Modellschätzungen lediglich die Hypothesen H1, H4, H10 sowie H12 aufrecht erhalten werden. Für die Stichprobe mit hoher sozialer Kompetenz lässt sich zusätzlich H8 bestätigen; in der Schätzung mit niedriger sozialer Kompetenz besitzt dafür H9 einen signifikanten Einfluss. Vor allem die Einflussfaktoren auf die intrinsische Motivation sind in beiden Modellen von unterschiedlicher Wichtigkeit. So ist bei hoher sozialer Kompetenz der Einfluss des Verwendungs- und Objektwissen signifikant, bei niedriger sozialer Kompetenz jedoch nicht, was darauf zurückzuführen wäre, dass Case-Modder gerne ihr Wissen mit anderen Menschen teilen. Hingegen hat das Produktinvolvement bei niedriger sozialer Kompetenz einen doppelt so hohen Einfluss auf Motivationsarten als bei hoher sozialer Kompetenz, da sich diese Case-Modder stärker ohne Hilfe von anderen mit dem Produkt auseinander setzen.

Dies gibt einen Hinweis darauf, dass in Abhängigkeit der Gruppenzugehörigkeit unterschiedliche Prozesse ablaufen und Variablen, insbesondere die intrinsische Motivation, in verschiedenen Situationen unterschiedlich stark berücksichtigt werden.

	Hohe Kompetenz (n=104)		**Niedrige Kompetenz** (m=96)		Modellvergleich	
	Pfadkoeff.	t-Wert	Pfadkoeff.	t-Wert	t-Wert	Sign.
H1	0,65	6,17	0,75	15,90	0,79	nein
H2	0,21	0,76	0,23	1,54	0,07	nein
H3	-0,02	0,15	0,13	1,28	1,00	nein
H4	0,61	4,81	0,50	5,35	0,67	nein
H5	0,04	0,32	0,09	0,64	0,67	nein
H6	0,08	0,31	0,01	0,07	0,22	nein
H7	0,25	1,23	0,03	0,11	0,95	nein
H8	0,44	2,82	0,16	1,31	---	ja

	Hohe Kompetenz (n=104)		**Niedrige Kompetenz** (m=96)		Modellvergleich	
	Pfadkoeff.	t-Wert	Pfadkoeff.	t-Wert	t-Wert	Sign.
H9	0,15	0,69	0,31	1,73	---	ja
H10	0,30	1,89	0,57	4,63	1,33	nein
H11	0,12	0,94	0,10	0,96	0,08	nein
H12	0,45	3,20	0,46	4,14	0,06	nein
H13	0,16	1,25	0,09	0,83	0,44	nein
	Mitglied in Community (n=153)		**Keine Mitgliedschaft** (m=47)		Modellvergleich	
	Pfadkoeff.	t-Wert	Pfadkoeff.	t-Wert	t-Wert	Sign.
H1	0,57	7,97	0,83	14,27	1,91	10%*
H2	0,05	0,30	-0,22	0,95	1,06	nein
H3	0,11	1,52	0,12	1,04	0,10	nein
H4	0,56	9,08	0,66	5,08	0,80	nein
H5	0,06	0,55	-0,13	0,67	0,88	nein
H6	-0,17	1,06	0,37	1,94	1,75	10%*
H7	0,20	1,58	-0,22	0,94	1,61	nein
H8	0,36	2,36	0,13	0,63	---	ja
H9	0,09	0,72	0,78	3,33	---	ja
H10	0,28	2,12	0,75	2,86	1,51	nein
H11	0,20	2,03	-0,01	0,03	---	ja
H12	0,41	3,80	0,50	2,74	0,32	nein
H13	0,16	1,88	0,19	0,96	---	ja
						*signifikant (p<0,1)

Tabelle 7: Werte der Gruppenvergleiche

4.5 Implikationen für Marketingforschung und -praxis

Aus der empirischen Studie geht hervor, dass es für Unternehmen sinnvoll ist, besonders solche Kunden zu identifizieren, die sich stark für die jeweilige Produktkategorie interessieren, in welcher das Innovationsvorhaben durchgeführt werden soll. So kann ein Unternehmen beim Vorliegen eines hohen Involvement für die betreffende Kategorie davon ausgehen, dass der Kunde auch über ein gewisses Maß an Wissen in diesem Bereich verfügt. Beide Faktoren steigern dabei die Eignung des Kunden für eine Teilnahme in Innovationsprojekten. Doch diese Elemente der Innovationsfähigkeit haben auch Einfluss auf die Motivation eines Kunden zur Teilnahme an solch einem Projekt. So kann bei Vorliegen eines hohen Involvement gleichzeitig auf eine Motivation des Kunden aus intrinsischen sowie extrinsischen Motiven geschlossen werden. Der Zusammenhang zwischen Interesse, spezifischem Wissen und der intrinsischen Motivation ist dabei besonders hoch. Das Vorliegen einer „Tüftlerleidenschaft“ (*Lüthje* 200, S. 69) kann also durch das Involvement einer Person und dem damit verbundenen Wissen ursächlich erklärt werden.

Ein weiteres Merkmal, auf das Unternehmen bei der Auswahl von geeigneten Kunden achten sollten, ist deren Unzufriedenheit. Da die Unzufriedenheit im Modell als Auslöser für neue Bedürfnisse identifiziert werden konnte, ist von zufriedenen Kunden kein Input für innovative Problemlösungen zu erwarten. Erst die Unzufriedenheit löst demnach den Wunsch nach Beseitigung dieser aus und generiert somit neue Bedürfnisse an innovativen Produkten. Da das Auftreten neuer Bedürfnisse dem zweiten Lead-User-Kriterium *von Hippels* entspricht, konnte dieses Merkmal durch das Auftreten von Unzufriedenheit erklärt werden (*Lüthje* 2000, S. 71). Können von Unternehmen also Kunden identifiziert werden, die mit einem momentanen Produktangebot unzufrieden sind, steigt die Wahrscheinlichkeit, dass dieser Kunde zur Nutzensteigerung des innovativen Produktes beitragen kann. Gleichzeitig ist dieser Kunde an einer Lösung seines Problems interessiert, was seine Eignung für einen Innovationsprozess weiter steigert. Um die innovationsrelevante Unzufriedenheit von fortschrittlichen Kunden nutzen zu können, müssen in einem ersten Schritt Maßnahmen getroffen werden, die das Auftreten von Unzufriedenheit bei relevanten Kunden erfassen können. Ein ausgeprägtes Beschwerdemanagement in betreffenden Unternehmen kann dazu einen wesentlichen Beitrag leisten (*Homburg/Krohmer* 2003, S. 789ff.).

Das dritte, für Unternehmen wichtige Merkmal zur Auswahl von geeigneten Kunden, stellt deren Mitgliedschaft in einer auf das betreffende Thema spezialisierten Community dar. Zum einen kann aufgrund der Mitgliedschaft in einer entsprechenden Community von einem recht hohen Maß an Produktinvolvement des Kunden ausgegangen werden. Meldet sich ein User z. B. in einem Forum für die Zubereitung von veganischer Kindernahrung an, so kann mit großer Wahrscheinlichkeit davon ausgegangen werden, dass er oder sie sich auch für dieses Thema interessiert. Wie bereits geschildert, zieht das Vorhandensein von Produktinvolvement jedoch noch andere Effekte nach sich, so dass durch die Mitgliedschaft in einer Community mehrere positive Effekte auf andere Modellkomponenten zu erwarten sind. So wird z. B. das Wissen des Kunden bereits durch das vorhandene Interesse gesteigert. Das dem Kunden zur Verfügung stehende Wissen besteht bei Community-Mitgliedern jedoch nicht nur aus dem sich selbst angeeignetem Wissen. Vielmehr können die User durch ihr "soziales Netzwerk“ innerhalb der Community auch auf das Wissen von verschiedenen anderen, teils hochspezialisierten Usern, zugreifen, was Nicht-Community-Mitgliedern verwehrt bleibt. Eine gewisse Reputation des Kunden in der Community ist dabei aus mehreren Gründen vorteilhaft. Zum einen kann dadurch auf ein Mindestmaß an sozialer Kompetenz geschlossen werden. Denn wer keinerlei Fähigkeiten im Umgang mit Menschen besitzt, wird sein Ansehen in der Community kaum steigern können. Da die Reputation eines Users auch aus der Bewertung seiner Leistungen durch die Community resultiert, kann darüber hinaus von einem Mindestmaß an Wissen im relevanten Bereich ausgegangen werden. Des Weiteren besitzt ein Community-Mitglied mit hoher Reputation wahrscheinlich auch Problemlösekompetenz. So werden solche Community-Mitglieder besonders oft um Rat zu bestimmten Problemen befragt, die sich dieses Ansehen aus ihren Beiträgen erarbeitet haben. Können diese Probleme dann durch ein spezialisiertes Mitglied gelöst werden, steigert dies sein Ansehen und seine Reputation. Zu guter Letzt bietet ein Kunde mit hoher Reputation in seiner Community, aufgrund der dargestellten Eigenschaften, einen ausgezeichneten Einstiegspunkt für die Pyramiding-Methode, welche zur Suche nach innovativen Kunden eingesetzt werden kann (*Reichwald/Piller* 2006, S. 158).

Doch neben Kriterien zur Auswahl von geeigneten Kunden für einen Open Innovation- Prozess geben die Ergebnisse auch Hinweise auf die Gestaltung des Innovationsprozesses an sich. Es hat sich bei der Untersuchung gezeigt, dass finanzielle Anreize oder Entschädigungen in anderer Form keinen signifikanten Einfluss auf die Motivation zur Teilnahme an einem Open Innovation-Prozess besitzen. Dies würde bedeuten, dass Unternehmen ihre Anreizsysteme überdenken müssen, mit denen sie versuchen, relevante Kunden zur Teilnahme an einem Open Innovation-Vorhaben zu bewegen. Anstelle der häufig verwendeten monetären oder sonstigen Entlohnungen gilt es im Open Innovation-Kontext wohl andere Faktoren zu finden, mit denen sich fortschrittliche Kunden für die Teilnahme an einer Innovationsaktivität bewegen lassen. Dies erfordert natürlich ein Umdenken der Unternehmen. Sie müssen sich stärker in die Rolle des Kunden versetzen, um für ihn relevante Nutzendimensionen zu identifizieren, die den Kunden letztendlich zu einer Mitarbeit bewegen. Einer dieser Faktoren kann z. B. die Aussicht auf eine Verbesserung der Jobaussichten sein – dieser Aspekt hat sich als ein wesentlicher Faktor zur Steigerung der extrinsischen Motivation herausgestellt. Ist ein Unternehmen also in der Lage, die Bedeutung eines Innovationsvorhabens für die Erfahrung und die persönlichen Jobaussichten eines Kunden herauszustellen, so steigert dies seine Motivation zur Teilnahme an einem Innovationsvorhaben (bspw. die explizite Darstellung der Bedeutung für seinen weiteren beruflichen Werdegang).

Zur Steigerung der Teilnahmebereitschaft ist noch ein weiteres Element von hoher Wichtigkeit: Wie sich herausgestellt hat, müssen Unternehmen ihre Problemlösekompetenz auf ihrem Spezialgebiet besonders deutlich betonen und unter den relevanten Kunden publik machen. Wird die Problemlösekompetenz der betreffenden Unternehmen zu gering eingeschätzt, so werden jene User, die Mitglied in einer Community sind, eher ihre eigene Community zur Problemlösung befragen, wodurch diese Nutzenkomponente der Teilnahme an einem Open Innovation-Prozess für den Kunden wegfallen würde.

Forschungsstrategisch gesehen sollten die gewonnenen Erkenntnisse zur Klärung der Frage genutzt werden, welche zusätzlichen Faktoren die extrinsische bzw. intrinsische Motivation zur Teilnahme an Open Innovation-Projekten zu erklären vermögen. Wie sich im Modell gezeigt hat, wurde die letztendliche Teilnahmebereitschaft der Probanden durch die extrinsischen bzw. intrinsischen Motivationskomponenten nicht in vollem Maße erklärt. Die Fahndung nach Einflussfaktoren auf die extrinsische Motivation ist aus zwei Gründen von besonderer Bedeutung. Zum einen spielt die extrinsische Motivation im Modell eine größere Rolle für die Teilnahmebereitschaft als die intrinsische. Zum anderen konnte die extrinsische Motivation im Vergleich zur intrinsischen schlechter erklärt werden, da sich zwei postulierte Einflussfaktoren auf die extrinsische Motivation nicht bestätigen ließen. Auf Seiten der extrinsischen Motivation scheint es also mehr beeinflussende Faktoren zu geben, die im Modell keine Beachtung fanden. Dabei spielen die verwendeten sozialen Faktoren eine wesentliche Rolle. Diese wurden zwar im vorliegenden Modell entweder den extrinsischen Motivationsfaktoren subsumiert oder als moderierende Variable modelliert. Aufgrund der nachgewiesenen Bedeutung sollten diese Faktoren jedoch separat analysiert werden. So wäre eine Ergänzung der extrinsischen und intrinsischen Motive durch soziale Motive durchaus zu empfehlen. Somit würden die sozialen Einflüsse nicht unter den anderen Motivationsarten subsumiert, so dass sich deren spezifische Auswirkungen auf die Teilnahmebereitschaft untersuchen ließen.

Des Weiteren interessierte, welche Faktoren auf Eigenschaftsebene der Probanden für das Auftreten von sozialen Motiven besonders bedeutsam sind. Diese Informationen wären aus dem Grunde sehr nützlich, weil soziale Faktoren wahrscheinlich unabhängig vom Untersuchungsfeld auftreten. Zusätzlich könnten durch die sozialen Konstrukte auch die Motivationsmechanismen noch besser verstanden und somit von Unternehmen gezielter zur Motivation von potenziellen Teilnehmern eingesetzt werden. Solche sozialen Konstrukte könnten z. B.

der Status in einer Community oder das Konstrukt der Meinungsführerschaft betreffen. Um hingegen die Teilnahmebereitschaft noch besser messen zu können, wäre zudem eine Modellierung der Kosten einer Teilnahme an einem Open Innovation-Projekt durch den Kunden sinnvoll, da in diesem Modell nur eine Beschränkung auf die Nutzenseite einer Teilnahme stattfand. Um jedoch den Nutzen einer Teilnahme an Open Innovation-Aktivitäten realistisch einschätzen zu können, müssen diese von den betreffenden Kunden in Relation zu den ihnen entstehenden Kosten gesetzt und betrachtet werden. Denn ein geringer Nutzen wird einen fortschrittlichen Kunden nicht zur Teilnahme an einem Open Innovation-Projekt bewegen, wenn ihm dadurch unverhältnismäßig hohe Kosten entstehen. Kosten umfassen hier nicht nur monetäre oder materielle Kosten, sondern auch psychologische Kosten im Sinne eines wahrgenommenen Risikos (*Reichwald/Piller* 2006, S. 148). Um die Erklärungsgüte der Teilnahmebereitschaft weiter steigern zu können, bietet das Konstrukt selbst noch Optimierungsmöglichkeiten, durch die eine Teilnahmebereitschaft realistischer gemessen werden kann. So müsste statt der im Modell verwendeten, hypothetischen Teilnahmebereitschaft im Sinne einer Handlungsintention, die tatsächliche Teilnahme bzw. Nicht-Teilnahme gemessen werden.

5 Schlussbetrachtung

Mit dieser Arbeit ist es gelungen, die Kundenseite einer freiwilligen und kooperativen Zusammenarbeit mit Unternehmen in Innovationsprozessen besser zu verstehen. Im Vordergrund des Interesses standen vor allem zwei Forschungsfragen. Zum einen sollte der Frage nachgegangen werden, ob und wie Eigenschaften und Motivationen von fortschrittlichen Kunden kausal miteinander verknüpft sind. Zum zweiten stellte sich die Frage, welche Faktoren einen Kunden letztendlich zur Mitarbeit an einem Open Innovation Projekt treiben und durch welche Faktoren diese Motive entstehen.

Vor diesem Hintergrund wurde ein Modell zum Innovationsverhalten von fortschrittlichen Kunden entwickelt, welches die Auswirkungen verschiedener innovationsrelvanter Determinanten im Open Innovation-Kontext untersucht. Dieses Modell integriert die Innovationsfähigkeit, die Innovationsbereitschaft und die geplante Teilnahmebereitschaft an Open Innovation-Projekten. Dabei repräsentiert die Innovationsfähigkeit jene Eigenschaft eines Kunden, die von Unternehmensseite als Voraussetzung für den Einsatz des Kunden im Innovationsprozess gilt. Die Innovationsbereitschaft enthält die verschiedenen extrinsischen sowie intrinsischen Motive, die dem Kunden einen Nutzen stiften und ihn somit zur Teilnahme an einem Innovationsprojekt motivieren.

Die drei Stufen des Modells wurden in kausale Beziehungen zueinander gesetzt und das Modell im Anschluss empirisch überprüft. Darauf aufbauen konnten aus den empirischen Ergebnissen im nächsten Schritt Implikationen für die Marketingtheorie und Praxis abgeleitet werden. Hierbei identifizierte die vorliegende Schrift zunächst einige wichtige Zusammenhänge zwischen den innovationsrelvanten Eigenschaften in der ersten Stufe. So ließ sich zum einen der postulierte Zusammenhang zwischen dem Involvement einer Person und ihrem Verwendungs- und Objektwissen empirisch bestätigen. Zum anderen bestätigte sich der Zusammenhang zwischen der Unzufriedenheit eines Kunden mit bestehenden Produkten und dem Auftreten von neuen Bedürfnissen an zukünftige Produkte. Mit der Unzufriedenheit konnte daher ein wesentlicher Auslöser für das Auftreten von neuen Bedürfnissen gefunden werden. Weitergehend lässt sich durch die Daten auch der Zusammenhang zwischen Eigenschaften und Motivationen, also zwischen erster und zweiter Ebene des Modells erkennen. Das Involvement besaß auch in diesem Zusammenhang große Erklärungskraft. So konnte ein signifikanter

Zusammenhang mit der extrinsischen Motivation gezeigt werden. Auch für das Verwendungs- und Objektwissen ließen sich die postulierten Zusammenhänge mit den Motivationsarten durch die Daten bestätigen. Die wesentlichen Treiber der verschiedenen Motivationskomponenten wurden in der zweiten Ebene des Modells untersucht. Als relevant für die intrinsische Motivation stellte sich dabei die gesteigerte Reputation eines Kunden durch das Mitwirken an Open Innovation-Vorhaben heraus. Monetäre Entschädigungen haben demgegenüber keinen Einfluss auf die extrinsische Motivation. Das treibende Motiv der intrinsischen Motivation konnte mit dem antizipierten Nutzen des innovativen Produktes in Kombination mit der Aussicht auf Eigenverwendung dieses Produktes gefunden werden. Zudem ließ sich eine Verstärkung der intrinsischen durch extrinsische Motive im Rahmen von Open Innovation erkennen. Die extrinsische Motivation besaß als weiteres Ergebnis einen höheren Einfluss auf die geplante Teilnahmebereitschaft als die intrinsische Motivation.

Eine Überprüfung der Zusammenhänge in Abhängigkeit der sozialen Orientierung eines Kunden erschien ebenfalls zweckmäßig. Dabei stellt sich heraus, dass nur bei niedriger sozialer Orientierung / kein Community-Mitglied die Unzufriedenheit eine Motivationsfunktion für den Kunden besitzt. Unzufriedene Kunden haben folglich eine weitaus größere Motivation ihr Problem eigenständig zu lösen, da sie nicht auf das Wissen der Community zurückgreifen bzw. ihre Problemlösung nicht gerne teilen. Vor diesem Hintergrund liegt die besondere Aufgabe des Innovationsmarketings darin, die eventuelle Unzufriedenheit ihrer Kunden mit bestehenden Produkte konsequent zu erfassen und auszuwerten, damit hieraus wichtige Bedürfnis- und Lösungsinformationen extrahiert werden können. Dies kann ganz konkret durch die Einrichtung eines Beschwerdemanagementsystems geschehen. Für das Innovationsmarketing besteht weiterhin die Aufgabe, ihre Anreizstrukturen für innovative Kunden zu überdenken und anzupassen, da sich innovative Kunden nicht kaufen lassen. Stattdessen gewinnt der soziale Anteil der Motivationskomponenten zunehmend an Bedeutung, welcher sich durch die Einrichtung einer eigenen Innovations-Community ansprechen lässt.

Literaturverzeichnis

Ajzen, I. (1985): From Intensions to Actions: A Theory of Planned Behavior, in: Kuhl, J.; Beckmann, J. (Hrsg.): Action Control: From Cognition to Behavior. Berlin. S. 11-39.

Ajzen, I. (1988): Attitudes, Personality and Behavior, Milton Keynes.

Albers, S.; Hildebrandt, L. (2004): Methodische Probleme bei der Erfolgsfaktorenforschung – Messfehler, formative versus reflektive Indikatoren und die Wahl des Strukturgleichungs-Modells, Arbeitspapier, Universität Kiel.

Arbuckle, J.L.; Wothke, W. (1999): Amos 4.0 user's guide, Chicago.

Backhaus et al. (2000): Multivariate Analysemethoden: Eine anwendungsorientierte Einführung, neunte, überarbeitete und erweiterte Auflage, Berlin.

Bagozzi, R.P. (1980): Performance and Satisfaction in an Industrial Sales Force: an Examination of their Antecedents and Simultaneity, in: Journal of Marketing, Vol. 44, No. 2, pp. 65-77.

Bagozzi, R.P.; Baumgartner, H. (1994): The Evaluation of Structural Equation Models and Hypothesis Testing, in: Principles of Marketing Research, Jg. 1994, Nr. 1, pp. 386-422.

Baker, N.R.; Siegmann, J.; Rubenstein, A.H. (1967): The E_ects of Perceived Needs and Means on the Generation of Ideas for Industrial Research and Development Projects, in: IEEE Transactions on Engineering Management, Vol. 14, No. 4, pp. 156-163.

Batra, R.; Ray, ML (1983): Operationalizing Involvement as Depth and Quality of Cognitive Response, in: Advances in Consumer Research, Vol. 10, No. 1, pp. 309-313.

Batra, R.; Stephens, D. (1983): Attitudinal Effects of Ad-Evoked Moods and Emotions: The Moderating Role of Motivation, in: Psychology & Marketing, Vol. 11, No. 3, S. 199-215.

Bentler, P. (1980): Multivariate Analysis with Latent Variables: Causal Modeling, in: Annual Reviews in Psychology, Vol. 31, No. 1, pp. 419-456.

Berthel, J.; Becker, F.G. (2000): Personalmanagement - Grundzüge für Konzeptionen betrieblicher Personalarbeit, 6. überarb. und erw. Aufl., Stuttgart.

Bliemel et al. (2005): Handbuch PLS-Pfadmodellierung, Stuttgart.

Bollen, K.; Lennox, R. (1991): Conventional Wisdom on Measurement: A Structural - Equation Perspective, in: Psychological Bulletin, Vol. 110, No. 2, pp. 305-314.

Bollen, K.A. (1989): Structural equations with latent variables, New York.

Brehm, J. W.; Miron, A. M./Miller, K. (2008): Affect as a motivational state, Cognition & Emotion, 23:6, p. 1069 – 1089.

Brockhoff, K. (1984): Probleme marktorientierter Forschungs-und Entwicklungspolitik, in: Mazanec, J.; Scheuch, F. (Hrsg.): Marktorientierte Unternehmungsführung, Wien, S. 337-374.

Brockhoff, K. (1985): Abstimmungsprobleme von Marketing und Technologiepolitik, in: Die Betriebswirtschaft, Jg. 45, Nr. 6, S. 623-632.

Bruhn, M. (1982): Konsumentenzufriedenheit und Beschwerdeverhalten, Frankfurt am Main/Bern.

Cassel, C.; Hackl, P.; Westlund, A.H. (1999): Robustness of Partial Least-Squares Method for Estimating Latent Variable Quality Structures, in: Journal of Applied Statistics, Vol. 26, No. 4, pp. 435-446.

Chesbrough, H. (2003a): The Logic of Open Innovation: Managing Intellectual Property, in: California Management Review, 45(3), 33-58.

Chesbrough, H. (2003b): Open Innovation: The new im-perative for creating and profiting from technology. Boston: Harvard Business School Press.

Chin, W. W. (2000): Frequently Asked Questions – PLS and PLS Graph, http://disc-nt.cba.uh.edu/chin/plsfaq/plsfaq.htm, Letzter Abruf: 20. Dezember 2006.

Chin, W.W. (1998): The partial least squares approach to structural equation modeling, in: Marcoulides, G.A. (Hrsg): Modern Methods for Business Research, New Jersey, S. 295-336.

Christensen, C.M. (1997): The Innovator's Dilemma, New York.

Churchill, G.A. (1979): A Paradigm for Developing Better Measures of Marketing Constructs, in: Journal of Marketing Research, Vol. 16, Nr. 1, pp. 64-73.

Compton, J. (2004): The PC As A Fashion Statement, in: VARBusiness; 8/23/2004, Vol. 20 Issue 18, p. 78-78.

Costa, M.;Iezzi, S. (2004): Technology spillover and regional convergence process: a statistical analysis of the Italian case. Statistical Methods & Applications, 2004, Vol. 13 Issue 3, p. 375-398.

Czikszentmihalyi, M. (1999): Das Flow-Erlebnis, Stuttgart.

Deci, E. L. (1971): Effects of externally mediated rewards on intrinsic motivation. J. Personality Soc. Psych. 18(1), p. 105–155.

Deimel, K. (1989): Grundlagen des Involvement und Anwendung im Marketing, in: Marketing – Zeitschrift für Forschung und Praxis, 11. Jg., Heft 3, S. 153-161.

Deusinger, M.I.; Deusinger, L.F. (1981): Aufgabengebiete des Psychologen im Freizeitsport, in: Haase, H.; Molt, W. (Hrsg.): Handbuch der Angewandten Psychologie: Markt und Umwelt, Landsberg am Lech, S. 575-589.

Dittrich, K.; Duysters, G. (2007): Networking as a Means to Strategy Change: The Case of Open Innovation in Mobile Telephony, in: Journal of Product Innovation Management; Nov2007, Vol. 24 Issue 6, p510-521.

Eberl, M. (2004): Formative und reflektive Indikatoren im Forschungsprozess: Entscheidungsregeln und die Dominanz, Technical report, Schriften zur Empirischen Forschung und Quantitativen Unternehmensplanung, Ludwig-Maximilians-Universität München, Nr. 19.

Efron, B.; Gong, G. (1983): A Leisurely Look at the Bootstrap, the Jackknife, and Cross-Validation, in: The American Statistician, Vol. 37, No. 1, pp. 36-48.

Fishbein, M.; Ajzen, I. (1975): Belief, attitude, intention and behaviour: An introduction to Theory and Research, Reading.

Fittkau, S. (2008): Nutzer und Nutzung des Internet, URL: http://www.marketing-boerse.de/Fachartikel/details/Nutzer-und-Nutzung-des-Internet/9533, Letzter Abruf: 29. Oktober 2008.

Fornell, C.; Bookstein, F.L. (1982): Two Structural Equation Models: LISREL and PLS Applied to Consumer Exit-voice Theory, in: Journal of Marketing Research, Vol. 19, No. 4, pp. 440-452.

Fornell, C.; Cha, J. (1994): Partial Least Square, in: Bagozzi, R. P. (Ed.): Advanced Methods of Marketing Research, Cambridge (USA), S. 2-78.

Fornell, C.; Larcker, D.F. (1981): Evaluating Structural Equation Models with Unobservable Variables and Measurement Error, in: Journal of Marketing Research, Vol. 18, No. 1, pp. 39-50.

Förster, A.; Kreuz, P. (2008): Erfolgsfaktor Innovation: Innovative Leistungsangebote gemeinsam mit Kunden entwickeln, URL: http://www.innovation-aktuell.de/kl0320.htm, Letzter Abruf: 28. Oktober 2008.

Foscht, T.; Swoboda, B. (2005): Käuferverhalten: Grundlagen - Perspektiven - Anwendungen, 2. Auflage, Wiesbaden.

Frank, N.; Piller, F. (2004): Value Creation by Toolkits for User Innovation and Design: The Case of the Watch Market, in: Journal of Product Innovation Management, Vol. 21, No. 6, pp. 401-415.

Frey, B.S.; Osterloh, M. (1997): Sanktionen oder Seelenmassage? Motivationale Grundlagen der Unternehmensführung, in: Die Betriebswirtschaft, Jg. 57, Nr. 3, S. 307-321.

Frey, B.S.; Osterloh, M. (2002): Managing Motivation: Wie sie die neue Motivationsforschung für ihr Unternehmen nutzen können, Wiesbaden.

Frey, D.; Stahlberg, D. (1993): Das Elaboration-Likelihood-Model von Petty und Cacioppo, in: Frey, D., Irle. M. (Hrsg.): Theorien der Sozialpsychologie, Bd. I: Kognitive Theorien, Bern, S. 327-359.

Frey, D.; Stahlberg, D.; Gollwitzer, P. M. (1993): Die Theorie des überlegten Handelns, Frey, D., Irle. M.(Hrsg.): Theorien der Sozialpsychologie, Bd. I: Kognitive Theorien, Bern, S. 361-398.

Fürst, A. (2005): Beschwerdemanagement, Wiesbaden.

Gassmann, O. (2006): Opening up the innovation process: towards an agenda - R&D Management, Vol. 36, Issue 3, pp. 223-228, June 2006.

Gefen, D.; Straub, D.W.; Boudreau, M.C. (2000): Structural Equation Modeling and Regression: Guidelines for Research Practice, in: Communications of the Association for Information Systems, Vol. 4, No. 7, pp. 71-77.

Gemünden, H.G.; Högl, M. (2005): Management von Teams: Theoretische Konzepte und empirische Befunde, Wiesbaden.

Gierl, H.; Praxmarer, S. (2000): Attraktive Kommunikatoren in der Anzeigenwerbung und Einstellung der Rezipienten, in: Marketing ZFP, 22. Jg., Nr. 1, S. 25-42.

Gierl, H.; Stumpp, S. (2000): Erklärung und Beeinflussung von Referenzniveaus, in: Marketing ZFP, 22 Jg., Nr. 4, S. 273-295.

Götz, O.; Liehr-Gobbers, K. (2004): Analyse von Strukturgleichungsmodellen mit Hilfe der Partial-Least-Squares (PLS)-Methode, in: Die Betriebswirtschaft, Jg. 64, Nr. 6, S. 714-738.

Graf, D. (2007): Die Theorie des geplanten Verhaltens, in: Kattmann et. al. (Hrsg): Theorien in der biologiedidaktischen Forschung: Ein Handbuch für Lehramtsstudenten und Doktoranden, Berlin, S. 33-43.

Granovetter, M. (1973): The Strength of Weak Ties, in: American Journal of Sociology 78(6), p. 1360–80.

Greif, S. (1983): Konzepte der Organisationspsychologie: eine Einführung in grundlegende theoretische Ansätze, Bern.

Griffin, A.; Hauser, J.R. (2003): The voice of the customer, Cambridge.

Habermeier, K.F. (1990): Product Use and Product Improvement, in: Research Policy, Vol. 19, No. 3, pp. 271-283.

Hauschildt, J. (2004): Innovationsmanagement, 2. völlig überarbeitete und erweiterte Auflage, München.

Heckhausen, H. (1989): Motivation und Handeln (2. Auflage), Berlin.

Herrmann, A.; Huber, F.; Kressmann, F. (2006): Varianz-und kovarianzbasierte Strukturgleichungsmodelle - Ein Leitfaden zu deren Spezifikation, Schätzung und Beurteilung, in: Zeitschrift für betriebswirtschaftliche Forschung, Jg. 58, Nr. 2, S. 34-66.

Herstatt, C. (1991): Anwender als Quelle für die Produktinnovation, Zürich.

Herstatt, C.; Verworn, B. (2003): Management der frühen Innovationsphasen, Wiesbaden.

Hertel, G.; Niedner, S.; Herrmann, S. (2003): Motivation of Software Developers in Open Source Projects: an Internet-based Survey of Contributors to the Linux Kernel, in: Research Policy, Vol. 32, No. 7, S. 1159-1177.

Hildebrandt, L.; Homburg, C. (1998): Die Kausalanalyse, Stuttgart.

Himme, A. (2006): Gütekriterien der Messung: Reliabilität, Validität und Generalisierbarkeit, in: Albers et. al. (Hrsg): Methodik der empirischen Forschung, Wiesbaden, S. 375-390.

von Hippel, E. (1978): Successful Industrial Products from Customer Ideas: Presentation of a New Customer-active Paradigm with Evidence and Implications, in: Journal of Marketing, Vol. 42, No. 1, pp. 39-49.

von Hippel, E. (1978a): A Customer-active Paradigm for Industrial Product Idea Generation, in: Research Policy, Vol. 7, No. 1, pp. 1240-266, zitiert nach: URL: http://dspace.mit.edu/bitstream/1721.1/1928/1/SWP-0935-03119476.pdf, Letzter Abruf: 29. Oktober 2008.

von Hippel, E. (1986): Lead Users: A Source of Novel Product Concepts, in: Management Science, Vol. 32, No. 7, pp. 791-805.

von Hippel, E. (1988): The sources of innovation, New York.

von Hippel, E. (2005): Democratizing Innovation, Cambridge.

Holtbrügge, D. (2005): Personalmanagement, Heidelberg.

Homburg, C. (1992): Die Kausalanalyse: Eine Einführung, in: Wirtschaftswissenschaftliches Studium, Jg. 21, Nr. 10, S. 499-508.

Homburg, C.; Krohmer, H. (2003): Marketingmanagement: Strategie, Instrumente, Umsetzung, Unternehmensführung, Wiesbaden.

Homburg, C.; Baumgartner, H. (1995): Beurteilung von Kausalmodellen: Bestandsaufnahme und Anwendungsempfehlungen, in: Marketing ZFP, Jg. 17, Nr. 3, S. 162-176.

Homburg, C.; Giering, A. (1996): Konzeptualisierung und Operationalisierung komplexer Konstrukte: Ein Leitfaden für die Marketingforschung, in: Marketing ZFP, Jg. 18, Nr. 1, S. 5-24.

Hößl, T. (2008): Das Elaboration Likelihood Model, URL: http://www.hoessl.org/elm.html, Letzter Abruf: 29.10.2008

Huber et al. (2005): Zur Eignung von kovarianz- und varianzbasierten Verfahren zur Schätzung komplexer Strukturgleichungsmodelle, Forschungspapier, Johannes Gutenberg Universität Mainz: Center of Market-Oriented Product and Production Management, Nr. F 1.

Huber et al. (2007): Kausalmodellierung mit Partial Least Squares: Eine anwendungsorientierte Einführung, Wiesbaden.

Huber, F.; Meyer, F.; Huber, N. (2008): Wann König Kunde selbst mitanpackt - Eine Kausalanalytische Untersuchung zur Kundenbeteiligung im Serviceprozess, Forschungspapier, Johannes Gutenberg Universität Mainz: Center of Market-Oriented Product and Production Management, Nr. F24.

Huhn, G. (2004): Das Flow-Erleben als Schlüssel für Lernen, Wachstum und Motivation, in: Personal-Zeitschrift für Human Resource Management, Jg. 51, Nr. 6 , S. 24-30.

Hulland, J. (1999): Use of Partial Least Squares (PLS) in Strategic Management Research: A Review of Four Recent Studies, in: Strategic Management Journal, Vol. 20, S. 195-204.

Hulland, J.; Ivey, R. (1999): Use of Partial Least Squares (PLS) - Strategic Management Research: A Review of Four Recent Studies, in: Strategic Management Journal, Vol. 20, No. 2, pp. 195-204.

Hungenberg, H. (2004): Strategisches Management in Unternehmen.: Ziele, Prozesse, Verfahren, Wiesbaden

Jahn, S. (2007): Strukturgleichungsmodellierung mit LISREL, AMOS und SmartPLS : Eine Einführung, Technische Universität Chemnitz.

Jarvis, C. B.; MacKenzie, S. B.; Podsakoff, P. M. (2003): A Critical Review of Construct Indicators and Measurement Model Missspecifications in Marketing and Consumer Research, in: Journal of Consumer Research, Vol. 30, Sep., pp. 199-218.

Jetter, A. (2005): Produktionsplanung im Fuzzy Front End: Handlungsunterstützungssystem auf der Basis von Fuzzy Cognitive Maps, Wiesbaden.

Jonas, K.; Doll, J. (1996): Eine kritische Bewertung der Theorie überlegten Handelns und der Theorie geplanten Verhaltens, in: Zeitschrift für Sozialpsychologie, Jg. 27, Nr. 1, S. 18-31.

Jöreskog, K.G.; Sörbom, D. (1996): LISREL 8: User's Reference Guide, Chicago.

Jöreskog, K.G.; Wold, H. (1982): The ML and PLS techniques for modeling with latent variables: historical and comparative aspects, In: Jöreskog, K.G.; Wold, H. (Hrsg): Systems Under Indirect Observation: Causality, Structure, Prediction, pp. 263-270, Amsterdam.

Kaas, K.P.; Runow, H. (1984): Wie befriedigend sind die Ergebnisse der Forschung zur Verbraucherzufriedenheit, in: Die Betriebswirtschaft, Jg. 44, Nr. 3, S. 451-460.

Kaufman, B. E. (1989): Models of Man in Industrial Relations Research, in: Industrial and Labor Relations Review 43, 1 (1989): p. 72-88.

Khurana, A.; Rosenthal, S.R. (1998): Towards Holistic Front Ends In New Product Development, in: Journal of Product Innovation Management, Vol. 15, No. 1, S. 57-74.

Kleinschmidt, E.; Geschka, H.; Cooper, R. (1996): Erfolgsfaktor Markt: kundenorientierte Produktinnovation, Berlin.

Kollock, P. and Smith, M.A (1999): Communities in Cyberspace, London.

Koschate, N. (2002): Kundenzufriedenheit und Preisverhalten, Wiesbaden.

Kotler, P.; Bliemel, F. (2001): Marketing-Management, 9., uberarbeitete und aktualisierte Auflage, Stuttgart.

Kroeber-Riel, W.; Weinberg, P. (2003): Konsumentenverhalten, 8. aktualisierte und ergänzte Aufl., München.

Krugman, H.E. (1965): The Impact of Television Advertising: Learning Without Involvement, in: Public Opinion Quarterly, Vol. 29, No. 3, pp. 349-356.

Laursen, K.; Salter, A. (2004): Open for Innovation: The Role of Openness in Explaining Innovation Performance Among UK Manufacturing Firms, Proceedings of the 2004 Meeting of the AOM (TIM Division), New Orleans.

Lawler, E.E. (1977): Motivation in Organisationen: ein Leitfaden für Studenten und Praktiker (Übersetzung, Originalarbeit erschienen 1973), Bern.

Lepper, M. R., Greene, D.; Nisbett, R. E. (1973): Undermining children's intrinsic interest with extrinsic reward: Test of overjustification hypothesis. J. Personality Soc. Psych. 28(1), p. 129–137.

Lepper, M. R.; Henderlong, J. (2000): Turning "play" into "work" and "work" into "play": 25 years of research on intrinsic versus extrinsic motivation. C. Jansone, J. Harackiewicz, eds. Intrinsic and Extrinsic Motivation: The Search for Optimal Motivation and Performance. Academic Press, San Diego, CA, p. 257–307.

Lin, H.F. (2006): Understanding Behavioral Intention to Participate in Virtual Communities, in: Cyber Psychology & Behavior, Vol. 9, No. 5, pp. 540-547.

Loevenich, P. (2002): Substitutionskonkurrenz durch E-Commerce: Messung, Determinanten, Auswirkungen, Wiesbaden.

Lohmöller, J.B. (1989): Latent variable path modeling with partial least squares, Heidelberg.

Lüthje, C. (2000): Kundenorientierung im Innovationsprozess, eine Untersuchung der Kunden-Hersteller-Interaktion in Konsumgütermärkten, Wiesbaden.

Maslow, A.H. (1970): Motivation and Personality. New York.

Mattarelli, M. (2007): Überprüfung der Theory of Planned Behavior von Ajzen und Fishbein (1977) und deren Erweiterung durch Rechtfertigungsprozesse am Beispiel Littering, Lizentiatsarbeit, Psychologisches Institut der Universität Zürich.

Meffert, H. (1993): Konsumgütermarketing, in: Wittmann, W. (Hrsg.): Handwörterbuch der Betriebswirtschaft, Band. 2, 5. Aufl., Stuttgart, S. 2241-2255.

Meffert, H. (1998): Marketing: Grundlagen marktorientierter Unternehmensführung: Konzepte - Instrumente - Praxisbeispiele, Darmstadt.

Miniard, P. W.; Cohen, J. B. (1983): Modeling Personal and Normative Influences on Behavior, in: Journal of Consumer Research, Sep83, Vol. 10 Issue 2, p. 169-180.

Motzek, R. (2007): Motivation in Open Innovation, Saarbrücken.

Msweli-Mbanga, P. and Potwana, N. (2006): Modelling Participation, Resistance to Change, and Organizational Citizenship Behaviour: a South African Case, in: South African Journal of Business Management, Vol. 37, No. 1, pp. 21-29.

Munsch, K. (2009): Open Model Innovation, in: Research Technology Management; May/Jun 2009, Vol. 52 Issue 3, p48-52, 5p.

o.V. FASD; URL: http://developer.berlios.de/projects/fasd.

Ogawa, S.; Piller, F. T. (2006): Reducing the risks of new product development - MIT Sloan Management Review, 2006.

Ohne Verfasser (2008): Homepage der deutschen Case Modding-Meisterschaft, URL: http://www.dcmm.de/, Letzter Abruf: 29.10.2008.

Ohne Verfasser (2008): Homepage des FASD-Projektes, URL: http://developer.berlios.de/projects/fasd/, Letzter Abruf: 29.10.2008.

Ohne Verfasser (2008): Homepage von Case-King, URL: http://www.caseking.de/shop/catalog/, Letzter Abruf: 29.10.2008.

Ohne Verfasser (2008): Homepage von case-modder.de, URL: http://www.case-modder.de, Letzter Abruf: 29.10.2008.

Ohne Verfasser (2008): P&G - die wahrscheinlich größte F&E-Abteilung der Welt, URL: http://www.openeur.com/blog/2006/12/03/pg-die-wahrscheinlich-groste-fe-abteilung-der-welt, Letzter Abruf: 29.10.2008.

Ohne Verfasser (2008): Produkthomepage von SSI Web, URL: http://www.sawtoothsoftware.com/products/ssiweb/, Letzter Abruf: 29.10.2008.

Ohne Verfasser (2008): Threadless Homepage, URL: http://www.threadless.com/, Letzter Abruf: 28.10.2008

Pangsy-Kania, S. (2008): Open Innovation – A New Business Model at the Heart of Creative Destruction; International Economy: Problems of Innovation and Marketing, 5th International Scientific Conference Business and Management 2008.

Peter, S. (2001): Kundenbindung als Marketingziel-Identifikation und Analyse zentraler Determinanten, Wiesbaden.

Petty, R. E.; Cacioppo, J. (1986): Communication and Persuasion – Central and Peripheral Routes to Attitude Change, New York.

Petty, R. E., Cacioppo, J. T./Schumann, D. (1983): Central and Peripheral Routes to Advertising Effectiveness: The Moderating Role of Involvement, in: Journal of Consumer Research, Vol. 10, No. 2, S. 135-146.

Picot, A.; Reichwald, R.; Wigand, R. (2003): Die grenzenlose Unternehmung, 5., vollst. überarbeitete und erweiterte Auflage, Wiesbaden.

Piller, F. (2004): Innovation and value co-creation, Habilitationsschrift, Fakultät für Wirtschaftswissenschaften der Technischen Universität München.

Piller, F. (2006): User Driven Innovation: Kunden als Initiator und Beteiligte im Innovationsprozess, in: Drossou O.; Krempl, S. (Hrsg.): Open Innovation: Freier Austausch von Wissen als soziales, politisches und wirtschaftliches Erfolgsmodel, (Reihe Telepolis), Hannover, S. 85-94.

Reichwald et al. (2007): Der Kunde als Innovationspartner: Konsumenten integrieren, Flop-Raten reduzieren, Angebote verbessern, Wiesbaden.

Reichwald, R.; Piller, F. (2005): Open Innovation: Kunden als Partner im Innovationsprozess, in: Foschiani et al. (Hrsg.): Strategisches Wertschöpfungsmanagement in dynamischer Umwelt, Festschrift für Erich Zahn, Frankfurt u. a., zitiert nach: URL: http://www.impulse.de/downloads/open innovation.pdf, Letzter Abruf: 29.Oktober 2008.

Reichwald, R.; Ihl, C.; Seifert, S. (2004): Innovation durch Kundenintegration, Arbeitsbericht, Lehrstuhls für Allgemeine und Industrielle Betriebswirtschaftslehre an der Technischen Universität München, Nr. 40.

Reichwald, R.; Piller, F. (2005): Open Innovation: Kunden als Partner im Innovationsprozess, in: Foschiani et al. (Hrsg.): Strategisches Wertschöpfungsmanagement in dynamischer Umwelt, Festschrift für Erich Zahn, Frankfurt u. a..

Reichwald, R.; Piller, F. (2006): Interaktive Wertschöpfung, Wiesbaden.

Reißig, B. (2007): Soziale Kompetenzen sichtbar machen und für den Ausbildungs- und Berufsweg nutzen, Bericht zur Erprobung des DJI-Portfolios Soziale Kompetenzen, München/Halle.

Rheinberg, F. (2004): Motivation, 5., überarbeitete und erweiterte Auflage, Stuttgart.

Ringle, C. M. (2004): Gütemaße für den Partial Least Squares-Ansatz zur Bestimmung von Kausalmodellen, Arbeitspapier Industrielles Management Nr. 16, Universität Hamburg 2004.

Rogers, E.M. (1995): Diffusion of Innovations, 4. Auflage, New York.

von Rosentiel, L. (1980): Grundlagen der Organisationspsychologie, Stuttgart.

Ryan, R. M.; Connell, J. P. (1989): Perceived locus of causality and internalization: Examining reasons for acting in 2 domains, in: J. Personality Soc. Psych. 57(5), p. 749–761.

Sansone, C. (1986): A question of competence: The effects of competence on task feedback on intrinsic interest. J. Personality Soc. Psych. 51(5), p. 918–931.

Sarkar et al. (2001): The Inuence of Complementarity, Compatibility, and Relationship Capital on Alliance Performance, in: Journal of the Academy of Marketing Science, Vol. 29, No. 4, pp. 358-373.

Sauer, N. (2003): Consumer Sophistication: Messung, Determinanten und Wirkungen auf Kundenzufriedenheit und Kundenloyalität, Wiesbaden.

Sawhney, M.; Verona, G.; Prandelli, E. (2005): Collaborating to Create: The Internet as a Platform for Customer Engagement in Product Innovation, in: Journal of Interactive Marketing, Vol. 19, No. 4, pp. 4-17.

Schallok, B.; Bading, N. (2007): Kundenintegrierende Innovation, in: Doleschal, L. und Nolte, B. und Pläster, I. (Hrsg): Innovationen systematisch gestalten, Beiträge zum Innovationskongress 2006, Schriftreihe des KOM, Fachhochschule Lippe und Höxter, Nr. 1, S. 145-157, Lemgo.

Schein, E. (2004): Organizational culture and leadership, in: Jossey-Bass Business and Management Series, p. 464, 2004.

Schmookler, J. (1966): Invention and economic growth, Cambridge.

Schünemann, T. M./Bruns, T. (1985): Entwicklung eines Diffusionsmodells für technische Innovationen, in: Zeitschrift für Betriebswirtschaft, Jg. 55, Nr. 2, S. 166-185.

Schumpeter, J.A. (1912): Theorie der Wirtschaftlichen Entwicklung, Leipzig.

Siems, F. (2003): Preiswahrnehmung von Dienstleistungen, Wiesbaden.

Sims, H.P. and Szilagyi, A.D.; McKemey, D.R. (1976): Antecedents of Work Related Expectancies, in: Academy of Management Journal, Vol. 19, No. 4, pp. 547-559.

Soll, J.H. (2006): Ideengenerierung mit Konsumenten im Internet, Wiesbaden.

Springer et al. (2004): Lead User Integration, Forschungsprojekt nova-net, Stuttgart.

Staehle, W.H. (1999): Management - Eine verhaltenswissenschaftliche Perspektive, 8. überarbeitete Auflage, München.

Staiger, T.; Gleich, R.; Dilk, C. (2006): Innovationsnetzwerke in der Automobilindustrie - eine empirische Bestandsaufnahme, in: Performance Excellence - Zeitschrift für Controlling und Innovationsmanagement (ZfCI), Jg. 1, Nr. 3, S. 34-39.

Steiner, M. (2007): Nachfragerorientierte Präferenzmessung: Bestimmung zielgruppenspezifischer Eigenschaftssets auf Basis von Kundenbedürfnissen, Wiesbaden.

Temme, D. (2006): Die Spezifikation und Identifikation formativer Messmodelle der Marketingforschung in Kovarianzstrukturanalysen, in: Marketing ZFP, Jg. 28, Nr. 3, S. 183-196.

Thom, N. (1980): Grundlagen des betrieblichen Innovationsmanagements, Hanstein.

Thomke, S.H. (2003): Experimentation Matters: Unlocking the Potential of New Technologies for Innovation, Boston.

Tranfield et al. (2003): Knowledge Management Routines for Innovation Projects: Developing an Hierarchical Process Model, in: International Journal of Innovation Management, Vol. 7, No. 1, S. 27-49.

Trommsdorff, V. (1993): Konsumentenverhalten, Stuttgart.

Trommsdorff, V. (1998): Konsumentenverhalten, 4. überarbeitete und erweiterte Auflage, Stuttgart.

Turban, E.; McLean, E.; Wetherbe, J. (1998): Information technology for management: making connections for strategic advantage, New York.

Urban, G.L.; Hauser, J.R. (1993): Design and marketing of new products, Englewood Cliffs New Jersey.

Vollhardt, K. (2007): Management von Markenportfolios – Gestaltung und Erfolgsauswirkungen aus Unternehmenssicht, Wiesbaden.

Vroom, V. (1995): Work and motivation, San Fransisco, Original veröffentlicht 1964.

Weinberg, P. (1981): Das Entscheidungsverhalten der Konsumenten, Paderborn.

Weiner, B.; Reisenzein, R.; Pranter, W. (1994): Motivationspsychologie, 3. Auflage, Weinheim.

Wittmann et al. (1993): Handwörterbuch der Betriebswirtschaft, Stuttgart.

Zaichkowski, J.L. (1985): Measuring the Involvement Construct, in: Journal of Consumer Research, Vol. 12, No. 1, pp. 341-352.

MARKETING

Herausgegeben von Prof. Dr. Heribert Gierl, Augsburg, Prof. Dr. Roland Helm, Regensburg, Prof. Dr. Frank Huber, Mainz, und Prof. Dr. Henrik Sattler, Hamburg

Band 56
Frank Huber, Frederik Meyer und Oguzhan Bulut
Unternehmenserfolg durch strategische Corporate Social Responsibility – Eine empirische Analyse am Beispiel der Marke IKEA
Lohmar – Köln 2012 • 140 S. • € 43,- (D) • ISBN 978-3-8441-0122-5

Band 57
Guido Grunwald und Philipp Hennig
REACH und CSR – Mehr Reputation durch Nachhaltigkeit in kleinen und mittleren Unternehmen
Lohmar – Köln 2012 • 120 S. • € 42,- (D) • ISBN 978-3-8441-0129-4

Band 58
Frank Huber, Frederik Meyer und Oliver Gluth
Mitgliederbindung an Social Network Sites – Eine empirische Analyse zur Aufdeckung von Nutzermotiven
Lohmar – Köln 2012 • 220 S. • € 55,- (D) • ISBN 978-3-8441-0130-0

Band 59
Frank Huber, Julia Hamprecht und Marc Heise
In-Game Advertising erfolgreich platzieren – Eine empirische Analyse in der Konsumgüterbranche
Lohmar – Köln 2012 • 148 S. • € 43,- (D) • ISBN 978-3-8441-0133-1

Band 60
Frank Huber, Isabel Matthes, Julia Hamprecht und Felix Ackermann
Erfolgsfaktoren und Rückwirkungseffekte von Limited Editions – Eine empirische Analyse im FMCG-Markt
Lohmar – Köln 2012 • 152 S. • € 47,- (D) • ISBN 978-3-8441-0147-8

Band 61
Stefan Vollmann, Tim Lindemann und Frank Huber
Open Innovation – Eine empirische Analyse zur Identifikation innovationsbereiter Kunden
Lohmar – Köln 2012 • 108 S. • € 38,- (D) • ISBN 978-3-8441-0153-9